はじめに

　食品製造業の労働生産性を見ると、製造業全体に比べて約 2/3 と低い水準にとどまっており、農林水産業の労働生産性は、さらに低くなり、食品製造業に比べ約 3 割になっています。全産業に対して食品産業の賃金が低い状況は、新規従事者が集まりにくい原因となっており、人口減少や高齢化が続く日本の現状も考えると、食品産業は労働力の減少面でますます厳しい状況になっています。

　ディープラーニングの登場により、AI（人工知能）は、第 3 次のブームを迎えています。また、ChatGPT を始めとする生成 AI は、爆発的な広がりを見せています。AI の進化は、留まるところを知りません。食品産業においても AI の活用が見受けられるようになりました。人手不足や高齢化の中で、DX を使ってこれまで要していた時間を短縮し、有用な価値生産に人手を振り向けるとともに、AI の生み出す需要予測、新商品開発や生産管理、食品ロスの削減などの新しい価値、イノベーションに踏み出していく時期にきています。食品産業は AI を活用して、全産業に追いつき追い越すチャンスを迎えています。

　本書は、食品産業で働く人々（商品開発、生産管理、品質管理、改善あるいはデジタル化担当の方など）に対して、AI とはどのようなものか、あるいはどう活用できるのかを、農業・畜産業・水産業・製造業・流通業での事例を紹介することで、わかりやすく伝える食品産業の AI 入門書です。

　本書は 8 章で構成されており、その特徴と活用方法を述べてみます。

　第 1 章では、DX/AI の必要性、AI 発展の歴史、AI を支える技術、AI 規制とガイドライン作成の方向など AI の全体像を理解するパートです。第 2 章では、食品産業の組織への効果的な AI 導入方法、AI 開発企業の活用方法などについて述べており、AI を具体的に進めるための方策を示しています。

　第 3 章から第 7 章までは、食品に係る全産業、すなわち農業・畜産・水産の一次産業、食品製造業における開発・生産、食品小売・物流・店舗などで活躍する AI 先進事例を AI 活用技術も含めてわかりやすく紹介しています。

第 8 章では、食品産業が目指す DX・AI による人手不足解消など様々な課題解決について解説するとともに、AI 活用人材育成に向けた事例と食品産業での DX・AI 教育事例を紹介しています。

　本書は、2021 年 11 月に「SDGs で始まる新しい食のイノベーション」、2023 年 2 月に「カーボンニュートラルに向かう食の事業変革」が発刊されたのに続く第三弾の食品産業改革シリーズとなります。2023 年 6 月頃より執筆をはじめ、事例企業の取材先は 30 社近くにおよびました。

　最後になりましたが、本書の企画と出版にご尽力いただいた、株式会社幸書房の夏野雅博相談役、伊藤郁子さんをはじめ編集部の皆様にお礼を申し上げます。

2024 年 2 月吉日
フードチェーン・コンサルティング
山崎　康夫

えっ！そんなことできるの？

フードビジネスで
活躍する AI

山崎康夫

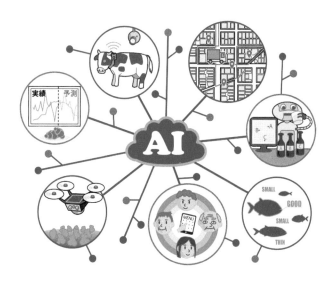

幸書房

謝　　辞

　本書執筆にあたり、お忙しい中取材対応いただき、また貴重なデータをご提供いただいた、多くの機関・企業様に心より感謝申し上げます。

項目	機関・企業名（掲載順）
1.1 7.6	株式会社 EBILAB
1.7	一般社団法人日本ディープラーニング協会
3.2	農業・食品産業技術総合研究機構 農業情報研究センター
3.2	十勝農業協同組合連合会
3.3	農業・食品産業技術総合研究機構 北海道農業研究センター
3.4	東京大学大学院情報理工学系研究科 深尾隆則教授
3.4	オサダ農機株式会社
3.5	グランドグリーン株式会社
3.5	株式会社レボインターナショナル
4.1	宇都宮大学農学部農業環境工学科 池口厚男教授
4.2	株式会社ファームノート
4.3	株式会社 Eco-Pork
4.5	ウミトロン株式会社
4.6	オーシャンソリューション テクノロジー株式会社
4.7	株式会社電通 TUNA SCOPE 事務局
5.1	株式会社プラグ
5.1	オタフクソース株式会社

項目	機関・企業名（掲載順）
5.2	OISSY 株式会社
5.3	キリンホールディングス株式会社
5.3	株式会社三菱総合研究所
5.4	株式会社フレアサービス
5.4	株式会社調和技研
6.1	一般財団法人日本気象協会
6.1	株式会社 Mizkan
6.2	株式会社ニチレイフーズ
6.2	株式会社日立製作所
6.3 6.5	株式会社 YE DIGITAL
6.4	株式会社アールティ
7.1	アサヒグループホールディングス 株式会社
7.1	株式会社 PKSHA Technology
7.2	株式会社ローソン
7.3	株式会社オプティマインド
7.4	株式会社ミーニュー
7.5	ウェンディーズ・ジャパン / ファーストキッチン株式会社
8.3	関西学院大学
8.4	株式会社ニチレイ
8.4	株式会社アイデミー

目　次

1

AI（人工知能）の進展と社会対応

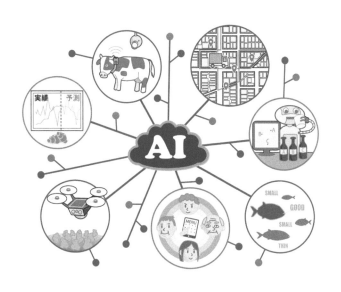

1.1 これからは DX と AI が必要

－ 市場の急速な変化に対応する DX と ツールとしての AI －

【経産省のデジタルガバナンス・コード】

　経済産業省は、多くの要素がデジタル化されていく Society5.0 に向けて、企業の DX（デジタルトランスフォーメーション）に関する自主的取組みを促すため、デジタル技術による社会変革を踏まえた経営者に求められる対応として「デジタルガバナンス・コード 2.0」を 2022 年 9 月に発表し、DX を以下に定義しています。

　「企業がビジネス環境の激しい変化に対応し、データとデジタル技術を活用して、顧客や社会のニーズを基に、製品やサービス、ビジネスモデルを変革するとともに、業務そのものや、組織、プロセス、企業文化・風土を変革し、競争上の優位性を確立すること」

　また同省では DX の推進に取組む中堅・中小企業等の経営者や、支援機関が活用することを想定した「中堅・中小企業等向け『デジタルガバナンス・コード』実践の手引き 2.0」を 2023 年 3 月に取りまとめました。ここには、DX の実践にはどのような観点が必要か、事例を交えて解説をしており、実際の取組みの参考になります。

【食品産業における DX】

　全産業の中で DX 化が遅れていた食品産業においても、DX が着実に進展しています。今までは、食品工場では、HACCP 対応や消費者要望により品質管理が厳しくなり、確認項目が増え、記録が増大していました。この作業記録を電子化できるシステムの導入が始まっています。例えば、原料や副資材を受け入れるときのロット管理や設備機器などの始業前・洗浄後点検、健康チェックや各種検査記録などの電子化です。

　また、7.6 項で紹介している「ゑびや大食堂」では、DX 化を進めてクラウドデータベースを活用したデータを自動で収集分析することにより、従業員がデータをモニターで活用したり、タブレットで確認することで、作業効率が向上しています（**図表 1.1.1**）。

このように、DXを実践してタブレットやスマートフォン操作に習熟してくると、色々見えない課題や改善要望が現場から出てきます。それは、AIで解決できる可能性があります。

「AI」とは「Artificial Intelligence（アーティフィシャル・インテリジェンス）」の略で、「人工知能」と訳されます。IT技術を用いて、学習・思考・判断といった人間の知的な意志決定プロセスを人工的に再現したコンピューターシステムです。また、人工知能学会は、「大量の知識データに対して、高度な推論を的確に行うことを目指したもの」と定義しています。

AIは、人間が知能によって行っている言語の理解や推論、問題解決などの知的行動を、データや現象を学習させることでコンピューターなどの機械に行わせる技術です。また自然言語処理や音声・画像認識などの人間が持つ基本的機能を実現するものです。このようなAIの技術は、日常の身近な製品へも搭載され、日々実用化が進んでいます。このように、AIはDXを推進する上で、ツールとしての役割を果たし、新たな価値創造を生み出す要素です。

【AIの得意分野】

AIは、データに対する「認識」と「予測」を得意としています。画像や音声のような既存の技術ではうまく認識できなかった情報を扱うことができ、蓄積された膨大なデータの解析と学習による高精度な予測が可能です。

3

図表1.1.1　従業員によるデータ活用

出典：株式会社 EBILAB

AI導入で生産性向上へ

すなわち AI は、大量のデータから自律的にパターンを学習する「機械学習」や「深層学習（ディープラーニング）」が可能となり、画像や音声、複雑なテキストを認識できるようになりました。その結果、「飲食店の来客予測」、食品製造業や小売業にける「需要予測による在庫管理・自動発注」など、AI は食品業界において実用化が進んでおり、機会損失の防止や欠品等のリスク回避、業務効率化などに役立っています。

　AI は、DX の目的を達成するための手段として、業務改善や新しい価値の創出において有効に活用できます。ただし、DX を実現するには、AI だけでなく、クラウドシステムや IoT、モバイル等といった、さまざまな IT 技術やサービスを複合的に活用する必要があります。AI はあくまで DX を推進するための一つの手段です。

【AI を必要とする日本の課題】

　少子高齢化の進行により、日本の生産年齢人口（15 〜 64 歳）は 1995 年をピークに減少しています（**図表 1. 1. 2**）。したがって、労働力の不足、国内需要の減少による経済規模の縮小など様々な社会的・経済的課題の深刻化が懸念されています。この解決策として、人手不足の産業分野における AI・ロボット導入の進展が期待されています。食品産業においては、農業・畜産・水産・食品製造・流通・店舗など、いずれも人手不足が顕著になってきており、AI やロボットに期待が寄せられています。

【AI 導入のポイント】

　具体的な「AI 導入の進め方」については 2.2 項で述べており、ここでは、AI 導入に際しての考慮すべきポイントを説明します。

（1）目標の明確化を図る

　AI 導入に際して、最初に「目標の明確化」を実施します。AI を導入し DX を推進することは、既存の社内体制を変革する必要があり、目標を明確にして全社員に共有することが重要です。例えば、「食品開発部門の新商品配合設計を AI 化することにより、開発期間を 50％にする」、「製造部門の異物選別工程を AI 化することにより、検査工数を 50％にする」などの明確な目標を立てます。

（2）費用対効果を算出する

　企業が AI を導入するときは、意外と費用がかかるものです。AI
導入の成果が収益やコスト削減につながったときに、かかった費用
との比較をしてはじめて成功したと言えます。AI 導入を実行に移
す前に費用対効果について把握しておくことは必要です。費用を抑
えるために、IT 導入補助金等を活用する手段もあります。

（3）AI 人材を育てる

　AI を導入するにあたって、AI についての十分な知識やスキルを
備えた人材を外部から確保できたとしても、自社の業務内容につい
てよく知らなければ、AI による改善を的確に進めることはできま
せん。そこで、現場の仕事を熟知した従業員を AI の人材として育
成していくことになります。AI の研究や開発自体は、自社で実施
しなくても外部に委託することが可能ですが、「自社の課題は何か」
「どのようなデータを収集すべきか」などは、自社の社員で考えて
いかなければなりません。

図表 1.1.2 生産年齢人口の減少

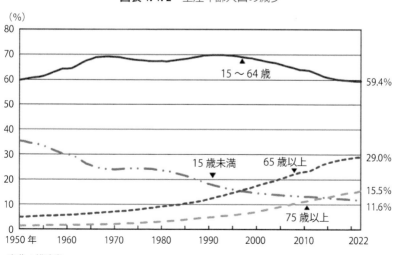

出典：総務省

AI 導入で生産性向上へ

1.2 知っておこう！
AI 発展の歴史と現在

− 生成 AI の登場まで −

　「AI（人工知能）」という言葉が誕生したのは、1956 年にダートマス会議にてジョン・マッカーシー教授が「人間のように考える機械」を AI と名付けたことが最初です。これを機に、AI は一気に認知されるようになり、AI に関する研究も活発化しました。ここでは、AI の第 1 次・第 2 次・第 3 次の AI ブームを通して、AI の発展の歴史を説明します（**図表 1. 2. 1**）。

【第 1 次 AI ブーム】 − 探索と推論

　第 1 次 AI ブームは、1950 年代後半〜 1960 年代であり、コンピューターによる「探索（解くべき問題をコンピューターに適した形で記述する）」や「推論（人間の思考過程を記号で表現したもの）」が可能となり、明確なルールが存在する問題に対して解を提示できるようになったことがブームの要因です。しかし、迷路の解き方や定理の証明のような単純な仮説の問題を扱うことはできても、様々な要因が絡み合っているような現実社会の課題を解くことはできないことが明らかになり、一転して冬の時代を迎えました。

【第 2 次 AI ブーム】 − エキスパートシステムの登場

　第 2 次 AI ブームは、1980 年代であり、「知識」（コンピューターが推論するために必要な様々な情報を、コンピューターが認識できるように記述したもの）を与えることで AI が実用可能な水準に達し、多くのエキスパートシステム（専門知識を取り込んで状況の予測や判断を行う機能）が生み出されました。しかし、一般常識レベルの膨大な情報を入力する必要があり、また例外処理や矛盾したルールに対応できなかったため、実際に活用可能な知識量は特定の領域に限定されたことから、再びブームは冬の時代になりました。

【第 3 次 AI ブーム】 − 生成 AI と課題

　第 3 次 AI ブームは、2000 年代から現在まで続いています。まず、ビッグデータと呼ばれているような大量のデータを用いることで、

AI自身が知識を獲得する「機械学習」が実用化されました。

　次いで知識を定義する要素（特徴量）をAIが自ら習得する「深層学習（ディープラーニング）が登場したことが、ブームの背景にあります。

　過去2回のブームにおいては、当時のAIが実現できる技術面よりも、社会がAIに対して過大な期待があったため、その落差によりブームが終わったとされています。このため、現在の第3次ブームに対しても、機械学習や深層学習による技術革新はすでに起きているものの、実際の商品・サービスとしてAIを社会に浸透するためには、実用化のための開発や社会環境の整備の取り組み等の課題があります。

　2023年3月には、OpenAIによって開発されたGPT-4（マルチモーダル大規模言語モデル）が公開されました。GPT-4には画像自体を解析して分析・要約する高い能力があり、実際にアメリカの司法試験で上位10％に入る成績を叩き出しています。GPT-4は、驚くほど人類の能力に近付いており、汎用人工知能（人間と同じようにさまざまな課題を処理できるシステム）を実現する第一歩であるとも言われています。

図表 1.2.1　AI研究の歴史

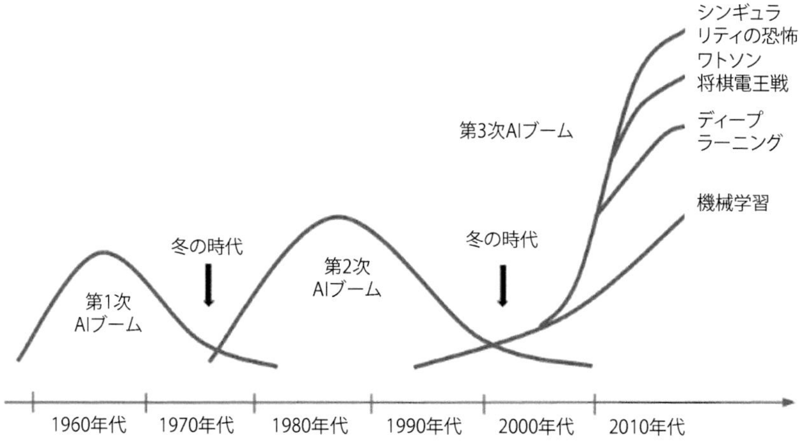

出典：松尾 豊『人工知能は人間を超えるか』P61 より

AI導入で生産性向上へ

1.3 AIを支える技術

－機械学習と深層学習－

　本項では、1.2項で述べた第1次AIブームから現在に至るまでの AIを支える技術の特徴について述べ、その中核を占める機械学習 と深層学習について簡単に説明します（巻末の用語説明参照）。

　図表1.3.1の左端に「探索推論」とありますが、この段階でコン ピューターによる「探索」「推論」が可能となりました。次に「知 識表現」とありますが、この段階で多数のエキスパートシステムが 生み出されました。エキスパートシステムは専門的な知識を含む、 規則、事実などを収集した「知識ベース」をもとに「推進エンジン」 を使って推論し、結論を導き出します。

　第3次AIブームでは、ビッグデータと呼ばれる大量のデータを 用いて、AI自身が知識を獲得する「機械学習」が実用化されました。

【機械学習の種類】

　機械学習には「教師あり学習」、「教師なし学習」、「強化学習」の 3つがあります。

（1）「教師あり学習」は、学習用のデータをコンピューターに与え

8

図表1.3.1　AIを支える技術

```
第1次       第2次        第3次  機械学習（Machine Learning）
・探索木     ・エキスパート
・探索推論    システム      教師あり学習           教師なし学習
            ・知識表現      ・回帰と分類            ・クラスタ
                          ・決定木分析（デシジョンツリー）   リング

                          ニューラルネットワーク

                          深層学習（ディープラーニング）   強化学習
                          ・畳み込みニューラルネットワーク

                                API の活用
                          自然言語処理  音声認識  画像解析
```

出典：関西学院大学「AI活用入門」を参考に作成

る際に「正解」も一緒に与えて学習させます。教師あり学習は最もよく用いられる方法で、深層学習（ディープラーニング）もここに分類されます。正解を与えて学習させることにより、正解のないデータが与えられたときに高い精度で「予測」や「分類」などを行うことができます。

（2）「教師なし学習」は、学習データに「正解」を与えない状態で学習させる方法です。データの特徴に内在する何らかのパターンを基に学習モデルを構築する手法です。クラスタリング手法と呼ばれコンピューターがデータ間の類似度に基づいて自動的にグルーピングします。

（3）「強化学習」は、結果に対して行動に報酬を与え、報酬が多く得られる行動を選択するように学習する方法です。例えば将棋や囲碁で最もよい成績を出すためにはどうするか、などの判断処理が強化学習に該当します。

【深層学習の特徴】

　機械学習は、データ内に潜むパターンをコンピューターに学習させて分類や予測をさせる技術ですが、そのために人間が特徴を抽出する必要があります。しかし、深層学習とは人を介さずにコンピューター（AI）が大量のデータからその特徴を自動的に学習することができます（**図表 1. 3. 2**）。そして深層学習は API（アプリ）により、自然言語認識や音声認識、画像認識などが実現できます。

図表 1. 3. 2　機械学習と深層学習

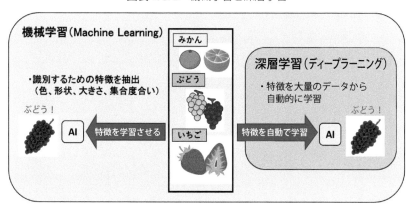

出典：関西学院大学「AI 活用入門」を参考に作成

AI 導入で生産性向上へ

1.4 AI が 2045 年にもたらす シンギュラリティ

　鉄腕アトムは、1963 年に国産初の連続テレビアニメシリーズとして放送が開始された歴史的作品です。アトムは、人間のよき理解者としての斬新なロボット像を切り開いており、「心」を持つロボットとして人間とロボットが共存する世界を描いていました。アトムはまだ出現していませんが、コンピューターのハードウェアと通信ネットワークの能力は、過去 50 年にわたり加速度的に向上しており、今後もその傾向が継続すると見込まれています（**図表 1.4.1**）。

【シンギュラリティへの到達】

　未来学者のレイ・カーツワイルは、2007 年度の著書「シンギュラリティは近い－人類が生命を超越するとき」の中で、2029 年に AI（人工知能）が人間の知能を上回り、2045 年にはシンギュラリティ（技術的特異点）が起こるとし、社会に波紋を投げかけました。技術の進化によりコンピューターの能力が高まり、ある時点で AI がその自己学習能力により、自らの能力を高めることができるようになると、AI の自己再生産による加速度的能力向上が起こり、未知の技術進化が始まると考えられています（**図表 1.4.2**）。今後の社会制度設計や政策立案は、シンギュラリティを前提に進めていく必要があると言われています。

【AI との共存共栄】

　具体的には、このような AI がロボット技術、ナノテクノロジー、遺伝子操作技術等と融合すると、人間を介さない AI とロボットによる企画、研究開発、設計、部品から製品までの自動生産等があらゆる分野で実現する可能性があるとしています。

　また、シンギュラリティは、人間の働き方に大きく変化を及ぼすと考えられています。AI が人間以上の知能を持てば、人間が担当している業務を AI が代わりにこなすことになります。そうなると人間のやることがなくなるのではないかという不安が生じてきます。しかし「AI が人間の仕事を完全に奪う」のではなく、「AI で人

間の仕事が変容し、共存共栄する」ことになると想定されています。

　例えば、囲碁や将棋のトッププロは、すでに AI ソフトに勝てなくなっています。当初は、囲碁・将棋のプロ棋士が必要なくなるのではないかと言われていましたが、現在では彼らは AI の指す手を学ぶことで新しい定石ができています。すなわち棋士は人間同士の対局において、以前と同様に活躍しています。

図表 1. 4. 1　CPU、ストレージ、ネットワーク能力の推移

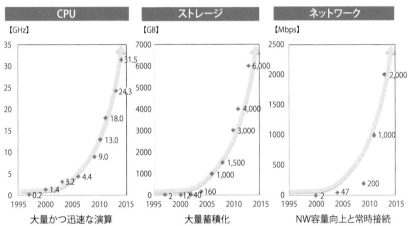

出典：総務省「ICT の未来像に関する研究会報告書」より

図表 1. 4. 2　シンギュラリティへの展望

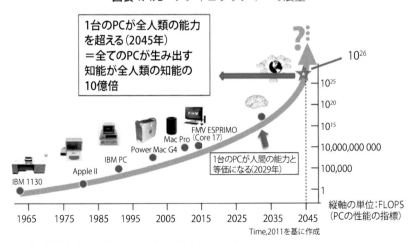

出典：総務省「ICT の未来像に関する研究会報告書」より

AI 導入で生産性向上へ

1.5 AIの進展による 雇用の変化

　2014年、オックスフォード大学の准教授、マイケル・A・オズボーン博士が、カール・ベネディクト・フライ研究員と共著で発表した論文「未来の雇用」で「20年後はAIやロボットにより米国の雇用者の47%の仕事がなくなる」という推測が世界に衝撃を与えています。確かに現在でも、外食産業や配送業、製造業の一部において人間がロボットに置き替えられています。

　一方、総務省の情報通信白書において、AIの導入・普及が雇用にもたらす影響として、「少子高齢化の進展に伴う労働力供給の減少を補完できる」、「業務効率・生産性が高まり、労働時間の短縮に繋がる」、「新しい市場が創出され、雇用機会が増大する」といったプラス面の影響がもたらされると回答した有識者が多くみられました。すなわち日本においては、AIによる失業率増大は、労働人口の減少もあり限定的と考えられています（**図表1.5.1**）。

　また、同白書では、AIによる雇用の減少面では、AIが生み出す業務効率・生産性向上により機械化の可能性が高い職種において生じるとしています。一方、雇用の増加面では、利活用拡大時にAIの新規業務・事業創出効果として「AIを導入・普及させるために必要な仕事」や「AIを活用した新しい仕事」が創出されタスク量が増加するとしています。すなわち新しく創出されるタスク量が減少するタスク量を上回り、全体のタスク量が増大するような社会が理想的であるとしています（**図表1.5.2**）。

【AIによって変化する食品産業の雇用】

　ここからは、食品産業における雇用がAIによりどのように変化をしていくのかを述べます。

（1）「機械化の可能性が高い職種」とは、食品工場の製造現場でも繰り返し同じ作業を行っている業務が当てはまります。AIが作業を行うとミスが少なくなり、労働災害も撲滅できます。この職種はロボットに代替されやすい分野です。また、ホワイトカラー職とし

ては、データや数字を扱う仕事、単純なデスクワークや資料整理・入力業務などの定型業務については AI に代替されやすい分野であり、業務ミスは少なくなります。

(2)「人間の創作が必要で創造性を要する職種」すなわち食品工場での焙煎の状態を見る技能者、商品のパッケージデザイナー、料理人などは、仕事が AI に取って代わることは少ないと思われています。ただし、すでにパッケージデザインの評価 AI が実用化されており、人間は AI を参考にしながらデザインをレベルアップしています。

(3)「AI を活用した新しい仕事」としては、商品企画者、商品開発者、新規営業などが挙げられます。これらの職業は、マーケティング AI や配合設計 AI、棚割り AI を使いこなしながら、人間の強みを生かしつつ、業務を高度化していきます。ただし、AI を活用できる人材である必要があり、今後は AI の知識を身に付けるニーズが増加していくものと思われます。

図表 1.5.1 AI の導入・普及が雇用にもたらす影響（有識者回答）

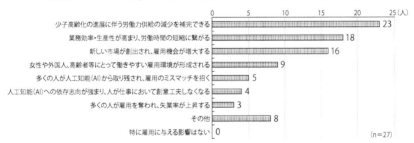

出典：総務省　平成 28 年版　情報通信白書

図表 1.5.2 AI 導入および利活用拡大で想定される雇用への影響

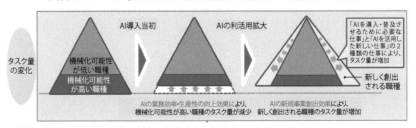

出典：総務省　平成 28 年版　情報通信白書を一部抜粋

AI 導入で生産性向上へ

1.6 ChatGPT による 生成 AI の衝撃

　ChatGPT（チャットジーピーティー）は、2022 年 11 月 30 日に公開されてからわずか 2 ヵ月で月間のユーザー数が 1 億人を超える AI 業界で注目されているツールです。日本でも、2023 年 4 月に 1 日あたり 700 万セッションを超えました。API も提供されるようになり、これを用いたソフト開発が活発になっています。

　ChatGPT は、米国 OpenAI 社が開発した文章生成 AI です。GPT というニューラルネットワークをベースにした大規模言語モデルで、多くのパラメータを持つため、自然な対話からユーザーが求める文章を生成することができます。また、ChatGPT は公開以降も進化を続けており、「GPT-3.5」から「GPT-4」にバージョンアップし、能力が飛躍的に向上しています。

　また ChatGPT は、チャットボットの一種であり、入力したテキストに対して適切な返答をする会話型サービスです。従来のチャットボットは、事前にプログラムされたルールに沿った回答しかできないため、質問できる内容に制限がありました。しかし、ChatGPT は、最新の AI を組み込み、過去の質問内容やテキストデータから自己学習することで、人間が使うような自然な言葉で表現します。

　ChatGPT は、これまで人間が行っていた以下のような作業を的確に実施し、人間はこれを参考に仕上げれば、今までに要していた時間を大幅に短縮できます。

- 質問に対する返答（情報収集）
- 文章の要約
- 文章の作成
- リストや比較表の作成

　早速、農林水産省では、ChatGPT の一部業務での活用を 2023 年 4 月から検討を始めることになりました。ホームページで公開している、農業や漁業の事業者が補助金の申請に使うマニュアルなどの改訂や修正に活用することにしています。対話式 AI の活用で作業

14

の負担を軽減するとともに利用者に、よりわかりやすいマニュアル
にしたいとしています。

【ChatGPT への質問と回答】

　ここで、筆者が ChatGPT を使用して、いくつかの質問をした結
果の回答を紹介します。まずは、「食品産業において、AI を普及さ
せる方法を5つ説明してください」と質問したところ、食品産業と
いう言葉が具体的でなかったせいか、期待した回答が得られません
でした。そこで、食品産業を農業と食品工場に置き替えて質問した
ところ、的確な回答を得ることができました（**図表 1.6.1**）。

図表 1.6.1　農業と食品工場における AI の普及

質問：農業において、AI を普及させる方法を5つ説明してください。

返答：農業において AI を普及させる方法は、効率的な生産や持続可能な農業
　の実現に貢献します。AI を導入するための5つの方法を説明します。

1．画像解析による病虫害の検出と管理
　　　カメラやドローンを使用して農地の画像を収集し、AI を活用して病虫
　害や病気の兆候を検出するシステムを構築できます。

2．ロボティクスと自動化の導入
　　　AI を活用して自律的なロボットや機械を農作業に導入することで、種
　まき、収穫、草刈りなどの作業を効率化します。これにより、労働力不
　足の解消や作業コストの削減が可能です。

・・・・・・・・・・

質問：食品工場において、AI を普及させる方法を5つ説明してください。

返答：食品工場において AI を普及させる方法は、生産効率や品質管理の向上
　に貢献することができます。AI を導入するための5つの方法を説明します。

1．品質管理の向上
　　　AI を使用して視覚検査やセンサーデータから品質を判定するシステム
　を構築することで、不良品の検出率を向上させることができます。

2．予知保全の実施
　　　AI を使用して機械の故障予測を行うことで、計画的なメンテナンスを
　実施することができます。生産中断や修理作業のコストを削減できます。

・・・・・・・・・・

出典：ChatGPT

AI 導入で生産性向上へ

1.7 AI 規制と
ガイドライン作成の動向

　2022 年の画像生成 AI の台頭と 2023 年の ChatGPT の爆発的な流行により、AI の利活用はシンギュラリティに到達する以前に、誤情報の拡散や著作権侵害、個人情報保護などのリスクに直面することになりました。実際に、ChatGPT が倫理に反するような回答をしたり、AI のモデルに用いるデータ収集の際にプライバシー違反を起こしたりする問題が発生しています。

【世界と日本の AI 規制の動向】

　実際に、OECD（経済協力開発機構）などの国際機関や政府が、AI 活用の原理原則の取りまとめや、各国政府による国別ルールの制定が進んでいます。EU では 2023 年 6 月に「AI 規則案」が採択されました。早ければ 2024 年後半に完全施行される予定です。この規則案では、「リスクベースアプローチ」が採用されており、人の生命や基本的人権に対して直接的に脅威をもたらすと考えられる AI システムについては、「許容できないリスク」として分類され、利用禁止となっています。

　一方、日本では EU と比べて AI 規制について慎重な姿勢を取っています。経済産業省が取りまとめる「AI 原則実践のためのガバナンス・ガイドライン」において、人間中心の AI 社会を目指すための実務的な指針が提供されています。AI に関する共通認識の形成やトラブル回避のため、AI の開発・運用に関わる企業には自主的な取り組みが期待されています。

【ChatGPT 使用企業での自主規制】

　企業で ChatGPT などによる生成 AI を従業員が活用する現状を考えて、一般社団法人日本ディープラーニング協会が、「生成 AI の利用ガイドライン 1.1 版（2023 年 10 月）」を公開しました。これには、リスク項目（下記）ごとに運用ルールのひな型が記述されており、企業において加筆修正を行って使うことができるとしています。

(1)「データ入力に際して注意すべき事項」
- 個人情報（顧客使命・住所等）を入力する場合、本人の同意が必要なため、個人情報を入力しないようにすること
- 他社との間の秘密保持契約や自社の機密情報を入力することは問題となるので入力しないようにすること

(2)「生成物を活用するに際して注意すべき事項」
- 生成物の内容はもっともらしい言葉ですが虚偽が含まれている可能性があるので注意すること
- 生成物が既存の著作物と類似している場合は著作権侵害に該当する可能性があることを認識すること

　このように企業においては、従業員が普段何気なく ChatGPT を活用する場合を想定して、リスクアセスメントを実施することを推奨します（**図表 1. 7. 1**）。AI 活用による生産性向上を図りながら、リスク管理としての運用規制を設けていく必要があるでしょう。

　また、2023 年 12 月に国際規格「AI マネジメントシステム（ISO/IEC42001）」が発行されました。この規格は、リスクベースアプローチ等を通じて、AI システムを適切に開発・提供・使用することが目的です。

図表 1. 7. 1　生成 AI における入力時・活用時のリスクと対応

分類	脆弱性	発生リスク	リスク対応
入力	本人の同意なく、個人情報を入力する	個人情報が流出し、会社の信用問題になる	①会社としてのガイドライン作成　＊個人情報は入力しない　②ガイドラインの配布と教育
入力	他社との間の秘密保持契約や自社の機密情報を入力する	機密情報が流出し、会社の信用問題になる	①会社としてのガイドライン作成　＊機密情報は入力しない　②ガイドラインの配布と教育
活用	生成物の内容に虚偽が含まれている可能性がある	虚偽とは知らず、論文等に流用し、信用を失う	①会社としてのガイドライン作成　＊虚偽の可能性を十分検討する　②ガイドラインの配布と教育
活用	生成物が既存の著作物と類似している場合がある	類似していることを知らずに使用し、著作権侵害で訴えられる	①会社としてのガイドライン作成　＊著作権侵害がないか調査する　②ガイドラインの配布と教育

出典：著者

AI 導入で生産性向上へ

 コーヒーブレイク①
AI 時代を先導する若者たち

　本書籍は、シリーズ第 3 弾ですが、最初の「SDGs で始まる新しい食のイノベーション」では、ミレニアル／ Z 世代についても触れており、この世代の若者たちは、インターネットが普及した環境で育った世代で、情報リテラシーに優れ、自己中心的ではあるが、他者の多様な価値観を受け入れ、仲間とのつながりを大切にする傾向があります。そしてこの世代を中心に SDGs が世の中に広がっていくとしています。

　AI についても同様に、ミレニアル／ Z 世代を中心に導入されていくと思われます。本書籍 8.3 項には、関西学院大学での「AI 活用入門」は入学者の 95％が受講する人気科目になっており、また高校生も「AI 活用 for SDGs」をテーマとしたワークショップに取組んでいます。

　このように、これからの AI 普及は、自由な発想を持った若者たちが引っ張っていくことが期待でき、会社の経営層は若者の力を活用して自社に AI を導入していくべきだと考えます。

© CanStockPhoto.com

2

フードビジネスへの
AI導入・活用の進め方

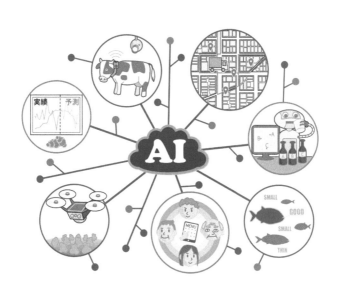

2.1 AI 活用に向けた経営層の意識改革

　AI をビジネスに利用すれば、3 章から 7 章の事例にあるような業務内容の質的向上、効率化が期待できます。

【世界の AI 導入状況】

　AI は世界各国の企業にどれくらい活用されているのでしょうか。総務省の令和元年度の情報通信白書には、「AI・アクティブ・プレイヤーの国別の割合」のグラフが掲載されています（**図表 2. 1. 1**）。また令和 4 年度の情報通信白書には、「新たに資金調達を受けた AI 企業数」のグラフが掲載されています（**図表 2. 1. 2**）。これらによると、日本企業の AI 利用率や AI 関連企業への資金調達額は米国・中国・欧州諸国と比べて大きく後れを取っていることがわかります。

　一方、2011 年 2 月にボストンコンサルティンググループが発表したレポートによると、世界 111 ヵ国 29 業界の企業・組織のマネジャー層へのアンケートの結果、58％が AI 導入により効率性と意思決定の質の両方が改善したとの回答でした。これらの回答者のうち、75％以上が、士気、協働、組織的学習といったチームレベルでのカルチャーの改善を確認していると記述されています。また AI 導入により、新たな目標を達成するために組織の行動が再編成され、組織全体のカルチャーにも好影響を与えるとしています。

【日本企業の AI 導入に向けて】

　日本の企業においては、組織カルチャーの活性化をもたらす AI は、企業経営者にとって必要不可欠なツールとなります。それにも関わらず、AI が導入されない理由はどこにあるのでしょうか？「世界の AI 導入状況 2022 年（IBM 調査）」によると、AI 導入の障壁として最も大きな問題は、AI に関するスキル、専門知識、または限られた知見でした。日本の企業においても同様と思われます。

　これに対して約 3 割の企業が、従業員が AI や自動化のソフトウェアやツールを使えるようにするための、トレーニングや人材育成を実施していると回答しています。AI のソフトウェア開発は外部企

業を活用して良いので、社内では AI を利活用できるだけのスキルを身に着ける程度で十分と考えられています。

　以上のことから、企業の経営層においては、トップダウンで自社に AI を導入するという意識改革を推進すべきと考えます。具体的には 8.3 項や 8.4 項で記述されているように、AI に関する E ラーニング等のコースを、選抜した社員と希望者に会社の経費で受講できる仕組みを作ることです。そうすれば、会社のカルチャーが自然と AI 活用へと向かうと思われます。

図表 2.1.1　AI・アクティブ・プレイヤーの国別の割合

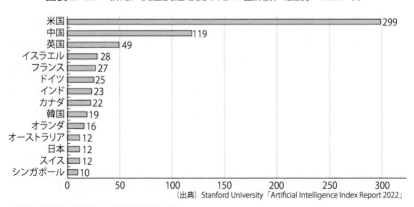

出典：総務省（令和元年度情報通信白書）

図表 2.1.2　新たに資金調達を受けた AI 企業数（国別・2021 年）

国	企業数
米国	299
中国	119
英国	49
イスラエル	28
フランス	27
ドイツ	25
インド	23
カナダ	22
韓国	19
オランダ	16
オーストラリア	12
日本	12
スイス	12
シンガポール	10

（出典）Stanford University「Artificial Intelligence Index Report 2022」

出典：総務省（令和 4 年度情報通信白書）

AI 導入で生産性向上へ

2.2 組織への AI 導入を 効果的に進めるノウハウ

　ここでは、組織への AI 導入の進め方を説明します。手順は以下の 5 ステップあり、順番に見ていきます。

【ステップ 1：AI 導入の推進プロジェクトチームを作る】

　経営層は、まず AI を導入するためのプロジェクトチームを発足させます。食品製造業を例にとると、トップに経営者または改善担当取締役、事務局に AI の知識を持った改善推進に積極的な管理者とします。メンバーに各部門（営業・商品企画、開発・設計、製造、生産管理、生産技術、品質管理、購買など）の代表者を選定します。重要なのは、経営トップが AI を推進する全社的な活動であると、全社員にわかるようにすることです。

【ステップ 2：業務課題における AI での解決手法の検討】

　次にプロジェクトメンバー全員を対象に AI の勉強会を開きます。AI の基礎を学ぶ目的なので、2 時間を 3 回程度の教育で十分です。講師に AI に詳しい社員がいなければ、AI の教育機関に講師を依頼したり、E ラーニングを活用する方法もあります。

　メンバーの AI 知識が一定レベルになったところで、分野ごとに業務課題を出して、その課題解決は AI に適したテーマなのか？をメンバーで話し合っていきます。その際に本書の AI の各分野の事例（農業、畜産・水産、食品製造業の開発・製造、食品流通業・店舗）が参考になります。ここでは、食品製造業における AI 活用例を示します（図表 2.2.1）。ポイントは、AI 活用テーマに対する AI 活用メリットとなります。この表を見ると、工数削減や生産性向上が多いことが判りますが、未習熟者に対する教育や品質向上、売上向上など様々なメリットがあります。

　この表を参考に、いくつか自社での AI 活用ができる候補をリストアップしていきます。ここで重要なことは、そのテーマが AI で解決すべき課題かどうかという点です。例えば「AI での予測」で

はなく「大量のデータ分析」で十分な場合もあります。メンバーは各部門から選出されており、最初は自部門に関してのテーマを挙げますが、「AI商品需要予測による在庫管理」などのように、複数の部門が関連しているテーマもあり、部門同士で話し合いながらテーマアップをしていくケースもあります。

図表 2.2.1　食品製造業の AI 活用一覧

分類	AI 活用テーマ	本書籍項番	AI 活用メリット	発案部署
開発	パッケージデザインのAI評価	5.1	①商品の売上向上 ②デザイン評価工数の削減	営業
開発	パッケージデザインのAI生成	5.1	①デザイナーの工数削減 ②デザイナーのレベルアップ	商品企画
開発	醸造商品のAIによる試作結果予測	5.3	①試作評価工数の削減 ②開発リードタイム短縮	開発
開発	醸造商品のAIによるレシピ探索	5.3	①レシピ作成の時間短縮 ②未習熟開発者の教育	開発
開発	給食献立のAI自動作成	5.4	①給食献立作成時間の削減 ②メニュー精度向上	社長
製造	AI活用の商品需要予測による在庫管理	6.1	①欠品防止 ②季節製品の廃棄防止	製造
製造	AIによる生産計画作成	6.2	①生産計画精度向上による生産性向上	生産管理
製造	AIを活用した原料検査	6.3	①原料の品質向上 ②原料選別検査員の工数削減	購買
製造	AIを活用した完成品検査	6.3	①最終製品の品質向上 ②完成品選別検査員の工数削減	品質管理
製造	製造ラインにおけるAI盛付ロボット導入	6.4	①作業者の人件費削減 ②盛付の品質向上	生産技術
製造	AIによる冷凍庫・冷蔵庫の故障予知	6.5	①冷凍機故障の未然防止 ②故障時の庫内の製品保護	設備保全

出典：筆者

図表 2.2.2　豆腐製造業の AI 活用評価表

分類	AI活用テーマ	①費用面	②導入難易度	③部門改善要望	総合評価（優先度）	該当部署
開発	パッケージデザインのAI評価	△ どの程度売上向上するか不明	◎ 実績のあるAIメーカーあり	◎ 営業の要望高い	A	営業 商品企画
製造	AIによる生産計画作成（需要予測）	○ 需要予測が合わず追加生産あり	○ 販売データと生産データを分析必要	○ 営業・製造の要望あり	B+	営業 生産管理
製造	AIを活用した原料検査	△ 原料由来の異物頻度不明	× 学習データの蓄積必要	△ 購買先変更等の代替手段あり	C	購買 製造
製造	AIを活用した完成品検査	○ 異物混入、カケ対策で効果あり	× 学習データの蓄積必要	○ 製造・品質管理の要望高い	A	製造 品質管理
製造	AIによる冷凍庫・冷蔵庫の故障予知	△ 新冷凍機の導入が必要	△ 新冷凍機の導入が必要	◎ 故障頻度からの検討必要	B	設備保全 製造

出典：筆者

AI 導入で生産性向上へ

23

【ステップ 3：総合的な観点から優先順位を決める】

　次に、複数のテーマ候補をいくつかの観点から、メンバー全員で評価していきます。総合評価点の高い順から優先順位をつけますが、最終的には評価表を全員で検討して、総合評価（A・B・C）としてテーマ候補を 2 ～ 3 点に絞り込みます。

　ここでは、豆腐を製造している食品工場における評価表の事例を示します（**図表 2.2.2**）。評価項目としては以下の 3 項目があり、この段階では正確な数字を出す必要はなく、話し合いで 4 段階（◎・○・△・×）評価をします。

　　① 費用面：投資費用に対する効果金額の比較
　　② 導入難易度：AI 導入における期間の長短や難易度など
　　③ 部門改善要望：AI 導入に関する部門の改善要望

【ステップ 4：AI 導入のための改善組織の立ち上げ】

　次に、優先順位が決まったところで、AI 導入のための改善組織を立ち上げます。この組織は、最初に作成した、AI 導入推進プロジェクト組織図をベースにして作成します（**図表 2.2.3**）。AI 改善委員長は、AI を全社的に進める意味合いから社長にします。委員会には事務局を置きますが、役割としては委員会内の連絡調整や AI 導入を進めるにあたっての予算調整をします。また、AI 技術統括として情報システム部のメンバーを置き、各プロジェクトの AI 技術に関するアドバイスやフォロー、AI 開発会社の選定と定期的な打合せに参画します。

　またテーマごとにプロジェクトリーダーを選出します。リーダーの役割りは大きく、AI 導入スケジュール案の作成と進捗管理、AI 開発会社の選定と定期的な打合せ、AI 改善委員会でのプロジェクト進捗報告があります。負荷が大きければ、サブリーダーを選出することもあります。

【ステップ 5：AI 開発企業の選定】

　AI 導入を成功させるためには、AI 開発企業の選定が重要になってきます。自社だけで AI を導入するのはかなり難しく、AI 開発企業にシステム構築を委託しながら進めていくのが最も多いケースで

す（2.4 項のタイプ 2）。AI が順調に導入されたら、自社で運用していくことも可能です。ここでは、AI 開発会社を選定するポイントを紹介します。

①最初に、自社が抱えている課題を明らかにします。そして、課題を数値で捉える必要があります。例えば、「AI を活用した完成品検査」の課題では、検査人員の原価はどの程度か、検査ミスはどの程度発生しているか、その原因は何かを調査・分析します。現状の課題が明確になれば、AI 導入の目的がはっきりしてきます。AI での数値目標（検査ミス 0.01％以下など）が明確となり、AI 開発企業への見積りの精度が上がります。

②選定にあたっては、1 社だけではなく、複数の開発企業を選び、比較検討することで、自社に最適な AI 開発のサポート企業を選定することが大切です。内容、価格、サポート体制などを比較しやすく表にすることも必要です。

③ AI 開発企業の他での実績を確認することも重要です。システム開発のノウハウがあると、開発から導入までの計画がスムーズになります。また開発実績が多いと当社のニーズに合わせた開発が期待できます。しかし、実績があっても食品工場に経験がない場合は、避けたほうが良いと思われます。

図表 2.2.3　AI 導入改善組織図

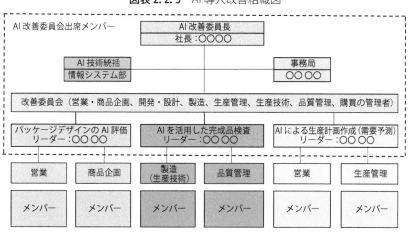

出典：筆者

AI 導入で生産性向上へ

2.3 QC サークル活動で組織の課題を明確化

　前項で、自社が抱えている課題を明らかにすること、しかも課題を数値で捉える必要があることを述べました。本項では、この課題の明確化について、QC サークル活動の手法を取り入れて実施する方法を紹介します。

　まず QC サークル活動の 7 つの改善ステップの、AI 導入への適用について説明します（**図表 2. 3. 1**）。QC サークル活動の第 1 ステップはメンバー選定ですが、AI 導入では「AI 導入の推進 PJ チームの立上げ」になります。そしてチームでの「業務課題の選定と優先順位付け」になりますが、ここでは同活動の第 3 ステップの現状把握を QC メンバーにより実施する手順となります。例えば、「AI を活用した完成品検査」の現状把握は、実際の製造ラインでの検査スピードや検査ミスの発生頻度などを調査します。

　現状把握は、期待値と実績値の差異となり、そのギャップの認識が問題点の把握となります（**図表 2. 3. 2**）。例えば、人により検査スピードが遅くなっていたり、完成品の検査ミスが平均 0.1％発生しているなどの把握が問題点となります。現状把握では、QC 7 つ道具（グラフ、パレート図、ヒストグラム、散布図、管理図、特性要因図、チェックシート）を活用してわかりやすく表現します。

　ここでは、人による検査での豆腐の不良件数と検査ミス件数の推移グラフを示します（**図表 2. 3. 3**）。このグラフを基に、豆腐の不良件数の削減活動として、第 4 ステップ：原因の分析、第 5 ステップ：改善策の立案と実施、第 6 ステップ：効果の確認と共有を実施していきます。一方、豆腐の検査ミス件数は大幅な削減が求められて、AI の画像認識技術により不良判定を行う方針となったとします。その場合は、AI の画像検査精度を上げることにより、「検査ミス撲滅」という目標を設定します。AI システムが稼動できたところで、再び豆腐の検査ミス件数のデータを取り、ミスが 0 件に近づいていれば AI に変更した効果があったということになります。

このように、AI導入においても、QCサークル活動の考え方に沿って、進めていけば良いことがわかります。そして、この手法を用いる最大の目的は、現状把握段階において、製造メンバーが実際にデータを取り、検査ミス件数を把握することによってAI導入の必要性が理解でき、協力的になることです。

図表2.3.1　QCサークル活動の改善ステップ

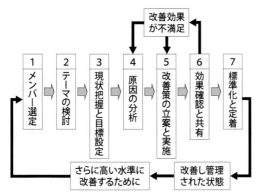

出典：筆者

図表2.3.2　現状把握（問題点の把握）

出典：筆者

図表2.3.3　豆腐の不良件数と検査ミス件数の推移

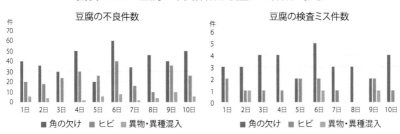

出典：筆者

AI導入で生産性向上へ

2.4 AI 導入を目指す食品企業と AI 開発企業の役割

　本項では、AI 開発企業の活用タイプと役割について解説します。AI 開発企業の役割は、AI を導入する食品企業へのかかわり方で 3 タイプに分類されます（**図表 2.4.1**）。食品企業がどのタイプを選ぶかは、プロジェクトチームで良く検討して決定します。

【タイプ 1：AI 自社開発・運用】

　このタイプは、食品企業が AI の開発から運用までを自社で行うというタイプです。ある程度 AI 人材を揃えた大手食品企業はこのタイプが可能ですが、AI 開発企業に開発段階においてコンサルティングを依頼するケースが通常です。AI に必要な各種データ入手や IoT 機器の選定も自社で実施します。また、AI 特許は自社の出願となります。メリットとしては、AI のノウハウが自社で所有できることです。デメリットとしては、社内に AI 人材が必要なことです。

【タイプ 2：AI 共同開発・運用】

　このタイプは、食品企業が AI 開発企業と共同で AI 開発から運用までを行うというタイプです。AI 開発企業は、その AI 案件に実績があるケースが理想です。AI 開発人材がいなくても、メンバーに AI 知識がある程度あれば運用可能です。AI に必要な各種データ入手や IoT 機器の選定は共同で実施します。また、AI 特許についても共同の出願となります。メリットとしては、AI のノウハウが自社になくても実現可能ということです。デメリットとしては、AI 開発企業の事業継続性にリスクがあることです。それもあり、AI 開発後には自社運用に移行する食品企業もあります。

【タイプ 3：AI データ活用】

　このタイプは、AI 開発企業が汎用の AI ツールを開発して、食品企業はデータを AI 開発企業に送り、結果をフィードバックしてもらい、そのデータを活用するというタイプです。5.1 のパッケージデザイン評価や 5.2 の味覚評価はこのタイプです。AI 運用人材がいなくても、メンバーにパソコンやスマホなどの情報リテラシー（理

解、解釈、活用する能力）がある程度あれば運用可能です。AI に
必要な各種データ入手や IoT 機器の選定、AI 特許出願についても
AI 開発会社が行います。メリットとしては、汎用化されているので、
すぐに AI を活用できるということです。デメリットとしては、汎
用なので、自社に合った情報入手が難しいということです。

図表 2.4.1　AI 開発企業の活用タイプと役割

タイプ 1：AI 自社開発・運用

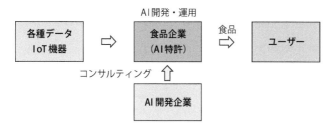

タイプ 2：AI 共同開発・運用

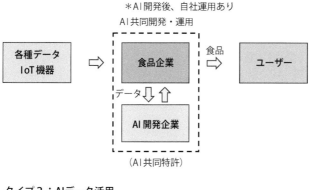

タイプ 3：AI データ活用

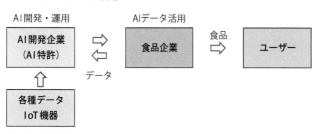

出典：筆者

AI 導入で生産性向上へ

2.5 AI コア発明と AI 適用発明における特許出願の重要性

　AI 開発についての重要な観点のひとつに特許出願があります。ニューラルネットワークにおける深層学習技術の発展により、現在は第 3 次ブームとなっており、米国と中国が牽引となって、毎日のように新しい AI 技術が出現しています。AI 技術の進展に伴い、AI に関する特許の重要性も増しています。

　ここで、AI 関連発明の範囲について説明します。AI 関連発明には、各種機械学習技術等の AI コア発明（G06N）に加え、AI を画像処理や音声処理等の各技術分野に適用した AI 適用発明があります（**図表 2.5.1**）。AI 関連発明の国内出願件数の推移は、2014 年以降急激に増加しており、2020 年は約 5,700 件でした。また、G06N が付与された AI コア発明の出願も堅調 に増加しており、2020 年は約 2,400 件でした（**図表 2.5.2**）。

　2022 年末に、ChatGPT が公開されたこともあり、生成 AI の特許はこれから続々と出てくるものと思われます。このように、AI に関する特許は増加しており、特許の権利行使も今後増加していくと考えられ、ライセンスや警告状の検討など AI に関する特許が問題となることも増えていくと思われます。

【AI 特許認定のポイント】
　次に、AI 特許で認定を受けるためのポイントを説明します。
　①**発明であること**：特許法によると、「自然法則を利用した技術的思想の創作のうち高度のもの」となっています。
　②**考案が簡単でないこと**：進歩性を有すること。進歩性とは、技術分野における専門家が容易に考案できない内容であることです。
　③**新しい発明であること**：新規性を有していること。新規性とは、特許出願前に発明内容を論文や書籍、Web で公開されていない発明を指します。

④**産業に活用できること**：広く産業に活用できる発明であること。
　個人的・学術的・実験的にのみ利用される発明や実現性に乏し
　い発明は認められません。

⑤**先願主義**：同じ発明内容については、先に申請した人が認定を
　受けられることです。

　また、特許庁はAI関連出願用に、具体的な内容がわかるように、
「AI関連技術に関する特許審査事例について」を公開しています。
本事例を見ると、「**サポート要件**」と「**進歩性**」が重要なポイント
とされています。サポート要件とは、例えばAIにおける教師デー
タと予測出力の関係が合理的に説明できるかを問うています。また、
AI特許の進歩性では、AIを活用することで顕著な効果が得られる
かがポイントとなります。

図表 2.5.1　AI関連発明の範囲

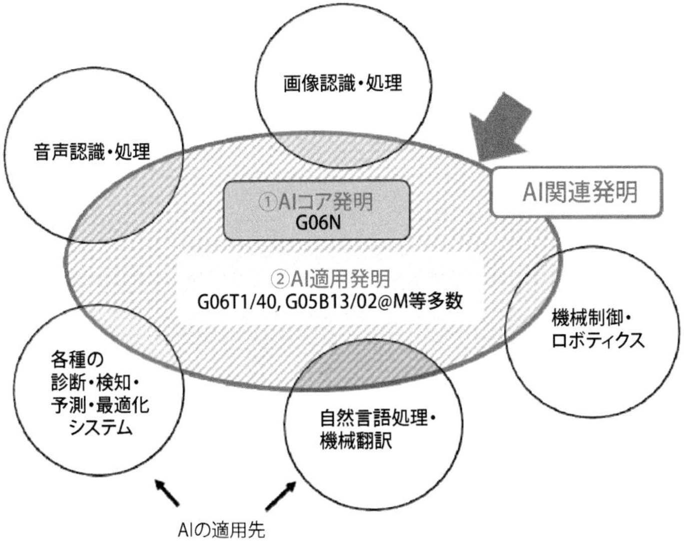

- AIコア発明：ニューラルネットワーク、深層学習等を含む各種機械学習技術のほか、AIの基礎となる数学的又は統計的な情報処理技術に特徴を有する発明

- AI適用発明：画像処理、音声処理、自然言語処理、機器制御・ロボティクス、診断・検知・予測・最適化システム等の各種技術に、AIの基礎となる数学的または統計的な情報処理技術を適用したことに特徴を有する発明

出典：特許庁

AI導入で生産性向上へ

図表 2.5.2　AI 関連発明の国内出願件数の推移

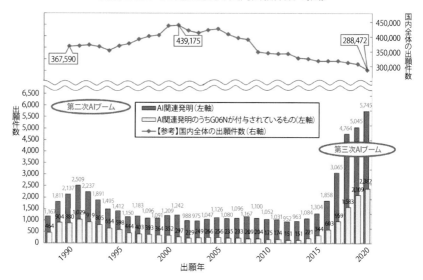

出典：特許庁

3

農業ビジネスで
活躍するAI先進事例

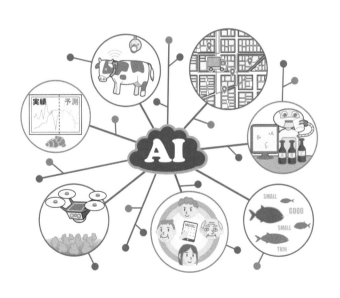

3.1 スマート農業の AI 活用に よる作業負担の軽減

　農業従事者の数は 2020 年 136 万人で 2015 年からの 5 年間で約 40 万人も減少し、平均年齢も **67.8 才**と上がっています（**図表 3. 1. 1**）。農業の現場では、人手に頼る作業や熟練者でなければできない作業が多く、省力化、人手の確保、負担の軽減が重要な課題となっています。こうした課題の解決に向け、ロボット技術や AI、IoT といった先端技術を活用するスマート農業に期待が寄せられています。

　AI や IoT 技術全般が進化している昨今、日々新たな農業用技術も実用化・導入されています。熟練農業者に匹敵する知識と判断力で、AI はスマート農業をけん引しています。例えば、トラクターや田植え機・コンバインも自動運転が実用化され、施設栽培や水田の水管理についても自動制御やスマートフォンによる遠隔操作の導入が進んでいます。

　また、カメラを搭載したドローンや人工衛星を活用して、ほ場全体の生育状況を撮影し、AI がその画像を分析することで、作物の生育状態を表す指標データや害虫被害の状況を自動で判別することが可能となり、データを分析して元肥・追肥や農薬散布を行う技術が開発されています。

　収穫作業でも、個々の収穫物について AI 技術を用いて正確にその成熟度を判断することで、収穫適期を見極めるとともに、自動収穫するロボットの実用化が進んでいます。

【スマート農業で可能になること】（図表 3. 1. 2）

　①**作業の自動化**：ロボットトラクター、スマホで操作する水田の水管理システムなどの活用により、作業を自動化し人手を省くことが可能

　②**情報共有の簡易化**：位置情報と連動した経営管理アプリの活用により、作業の記録をデジタル化・自動化し、熟練者でなくても生産活動の主体になることが可能

③**データの活用**：ドローン・衛星によるセンシングデータや気象
データの AI 解析により、農作物の生育や病虫害を予測し、高
度な農業経営が可能

こうした AI 技術導入により、農家の作業負担が軽減し、熟練者
だけに偏っていた負担を他の従業員でも担えるようになります。ま

た、新たな農業従事
者に熟練者のノウハ
ウも伝授しやすくな
り、農業への新規参
入が進むことが期待
できます。

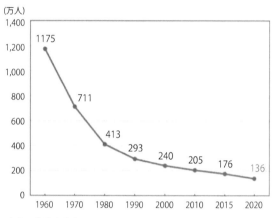

図表 3. 1. 1 　基幹的農業従事者数の推移

出典：農林水産省

図表 3. 1. 2 　スマート農業の効果

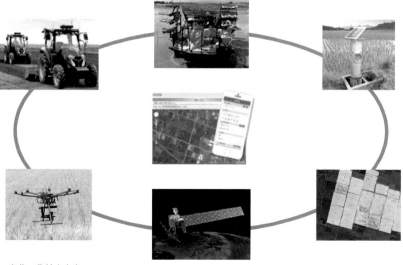

出典：農林水産省

AI 導入で生産性向上へ

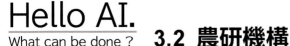

– 農業人口減に危機感。DX と AI を駆使
して日本農業の再生に挑む –

　日本の農業技術開発の代表的機関である「国立研究開発法人 農業・食品産業技術総合研究機構（農研機構）」が農業 AI の研究を本格化させています。同機構では、2018 年 10 月にトップの久間理事長（当時）が「農業情報研究センター」を設立しました。同センターでは、筑波と新橋に約 60 名の研究員を擁しており、AI を自在に使える「AI スペシャリスト」は約 20 名弱となっています。この技術情報集団を率いるのが、センター長である村上則幸氏です。

　村上氏は、現在農業人口がとても減少しており、この対策として、農業知識の技術伝承が可能な AI 活用が必要だと述べています。自然を相手にする農業は、予測の技術が必要であり、こうした予測は AI の最も得意とする分野に他なりません。コメや野菜の栽培には、自然界の様々なパラメータ、日照条件や気温、湿度、灌水、施肥、土の状態など多種多様な条件を把握しておく必要があります。こうした複雑なパラメータの組み合わせが作物の育成を決め、病虫害の発生にも関係してきます。現在は農業のデータ活用の恩恵を受けているのは全農家の 23％であり、この数値を伸ばすことが同センターの課題です。

　農業情報研究センターは、農業・食品分野の「Society5.0」実現に向けた農研機構内の研究拠点です。農業 AI 研究の推進と AI 人材育成、農業データ連携基盤（WAGRI）の普及に向けたコンテンツの充実化と安定運用、AI 研究とデータ連携基盤を支える農業情報研究基盤の構築・運用などに取り組んでいます（図表 3. 2. 1）。

　AI が農家に恩恵をもたらす分野は、農作物の栽培だけではなく、新しい品種を開発する育種や、畜産分野、ロボット農機の自動運転技術などと幅広くなっています。農研機構は農業・畜産業におけるフードチェーンを研究領域と考えて、農業 AI 研究を進めています。

（1）データ活用で無理無駄をなくし、高品質の農産物の出荷で高収益を上げる

①北海道（十勝）－衛星画像を使った「小麦収穫支援システム」

　ここでは、IT活用の代表的な事例として、北海道十勝の「衛星リモートセンシングを用いた小麦収穫支援システム」を紹介します。従来は麦作組合の役員がほ場の共同収穫作業の順番や毎日の収穫面積を決定していましたが、それらの多くが過去の経験に基づいた主観的な判断で行われており、共同作業での農家の意思統一が難しく、作物の状況に合った適切な時期に収穫がされないために、小麦の等級の低下など品質面での問題も発生していました。また共同収穫作業における責任者～コンバイン～輸送トラック～乾燥施設間の情報伝達方法として、従来は紙媒体や無線、携帯電話などを利用していましたが、その迅速化、効率化も課題となっていました。

　農研機構は、衛星リモートセンシングを用いた客観的で精度の高い秋播小麦の生育状況の把握により、収量・品質の高位平準化、麦作組合役員の負担軽減、コンバインや収穫乾燥施設の効率的な運用の支援をしてきました。2001年から18年間で14の農協に広げ、十勝管内の3万ヘクタールの耕地面積でシステムを活用すること

図表 3.2.1　農業情報研究センターの基本戦略

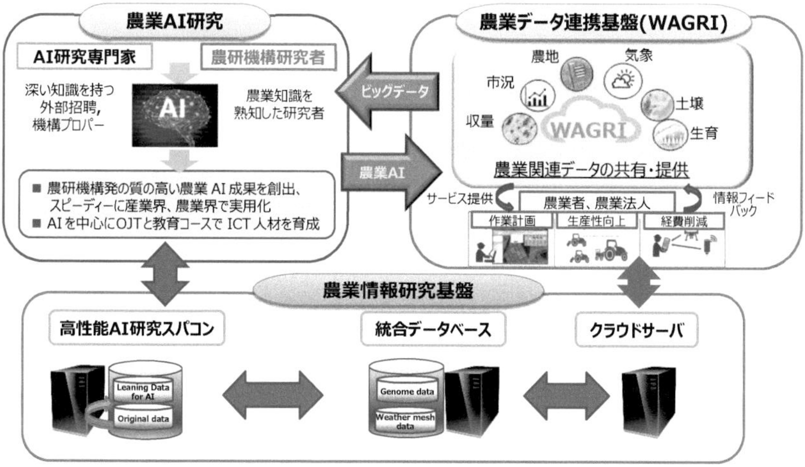

出典：農研機構

AI導入で生産性向上へ

で、大幅な経費削減を実現しました。この成功の理由としては、農家に様々なメリットが生じ、情報への信頼と理解を得られ、協力体制がとれたことが挙げられます（**図表 3. 2. 2**）。

② JA ながさき西海のみかん出荷時の糖度データをもとに「みかん糖度予測システム」を構築

ここでは、農業情報研究センターの代表的な AI 活用事例「みかんの糖度予測システム構築」を紹介します。

高品質な温州みかんを生産するためには、摘果や水管理、施肥など様々な管理が必要となります。このため、その年の糖度をできるだけ早い時期に予測できれば、これらを適切に行うのに大きく役立ちます。そこで農研機構では、JA ながさき西海、長崎県と協力し、AI を利用した温州みかんの新しい糖度予測手法を開発しました。

開発した方法は、機械学習の技術を用いて、出荷時の果実の糖度を、地区を単位として品種・系統別に予測するもので、前年の出荷時の糖度と当年の気象予報データ（気温、降水量、日射量、日照時間）を使用します。JA ながさき西海の協力により提供された出荷時糖度データ（2009 ～ 2019 年）を利用し、学習結果の検証を行った結果、糖度の予測誤差は十分な精度が得られました。そして、気象の予報値を用いた糖度予測では、7 月時点の予報データで実用上十分な精度と確認されました（**図表 3. 2. 3**）。

収穫前に糖度が予測できると、収穫作業・販売・出荷の計画に利用でき、予測された糖度によって、糖度を上げるための栽培管理の要否を判断することもできます。この技術の実用化によって、その年の気候データを見ながら、みかんの生育期間中に摘果・ホルモン剤投与などの栽培管理を施すことにより、糖度が高くブランド力の高いみかんを生産できるようになるだけではなく、夏季に行う販売交渉・出荷時期の見極めにおける参照データとしても活用できます。

(2) データプラットホームで農業 AI アプリ開発と利用者を結びつける WAGRI

農業情報研究センターは、AI 研究と同時に、農業データ連携基盤（WAGRI）の普及に向けたコンテンツの充実化と安定運用に取

図表 3. 2. 2　小麦の収穫順判断マップ

※NDVI（正規化植生指数）が低い（赤）ところから収穫

出典：十勝農業協同組合連合会

図表 3. 2. 3　みかんの糖度予測システム

入力データ　　　　　　　　AI　　出力データ

**前年の
みかん糖度**
地区(数～数十の果樹園)ごと、
みかん系統ごとの
糖度測定値

**当年の
気象データ**
地区における　気温、降水量、
日射量、日照時間の
観測値と予報値

**当年の
みかん糖度**
地区ごと、
みかん系統ごとの
糖度予測値

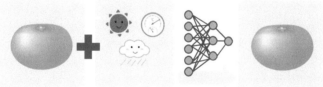

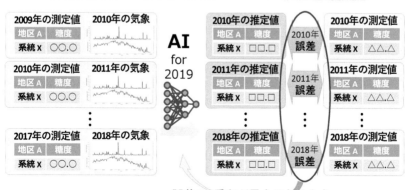

誤差の2乗和が最小になるよう
AIを再学習、2019年の予測に使用

出典：農研機構

AI 導入で生産性向上へ

り組んでいます。WAGRIとは、農業ICTベンダーなどの民間企業に対して農業関連データやサービスを提供するプラットフォームとして開発されたものです。気象や農地情報等のデータや、生育・収量予測サービスなど基本的なデータから高度な機能までをAPI*として提供することで、現場の農業者に向けた、より便利で使いやすいサービスの創出を民間企業等（会員数は2023年12月で約100社）に促すことを目的としています（**図表 3. 2. 4**）。

【WAGRI を活用した AI 病虫害診断プログラム】

　野菜などの病虫害の診断・防除には、専門の知識が必要で、新規就農者には難しい判断です。AIを用いた病虫害画像識別技術による支援には高い期待がありました。このため、病虫害の専門家による診断付き画像を70万枚以上収集するとともに、農研機構を中心に大学・公設試験場・民間企業が参加して、AI診断プログラムの開発に取り組みました。その結果、病虫害診断機能を提供するAPIをWAGRIから公開し、スマートフォン向けアプリを合わせて提供しています。

　現在、トマト、イチゴ、キュウリ、ナス等の病虫害を80%以上の精度で画像から診断できるようになりました。その他、主要な作物でのAI診断プログラムを順次開発しており、これらの機能は、農業データ連携基盤 (WAGRI) を通じてAPI*として公開しています。新規就農者などが活用し、適切な対策が行われることを通じて、病虫害の被害低減による収益向上が期待されます。

　　＊ API：ソフトウエアの一部を公開して、他のソフトウエアと機能を共用
　　　できるようにしたもの

（3）農業 AI を発展させる教育システムと将来に向けて

　農研機構によるAIの教育方法の方針を聞いたところ、農業情報研究センター内の「AI研究者」と、農研機構内の「農業研究者」がペアになって、AIを活用した農業に関する共同開発をすることで、農業研究者にAI知識を習得してもらい、地域農研などの各研究所におけるAIの核となって広めていく方針を取っています。

　随時AIに関する研究テーマを全国の機構職員から募集して、効果的なテーマをセンター内で選んでいます。現在は、20テーマ程

度とのことです。テーマごとに 5 年間の中期計画を立案して、年度ごとに達成目標を立てて報告をする仕組みです。

この教育システムにより農業研究者は、データ処理の方法や数学的問題の定式化、さらに様々な AI 手法の中でどの方法を選択・適用すべきか、適切な評価手法などを習得します。実務の中で AI 技術を身につけた農業研究者たちは、同センターから元の部門に戻ると、AI を駆使して担当技術の実用化を進めると同時に、周囲の研究者に学んだ AI 技術を横展開していきます。

農研機構にとり、今後 AI 研究が進化した分野で、将来どのような役割を果たしていくのかを村上センター長に聞きました。「AI 研究が進んだとしても、予期せぬことに対応したり、これまでのフレームと異なる新たな生産体系の創出などで、人間のアイデアが大切であることには変わりはなく、これまで生産現場で蓄積されてきたデータからノウハウを抽出して誰でも実践できるようにするなど、AI はあくまでも効率化の目的で活用していくことになる」とのことでした。すなわち、AI と人間の英知の両輪で農業研究を進めていくとのことです。農研機構としての AI 開発・活用がこれからの産地間競争や高品質の農産品輸出を支えることにより、日本の農業発展を目指しています。

図表 3.2.4　WAGRI システム

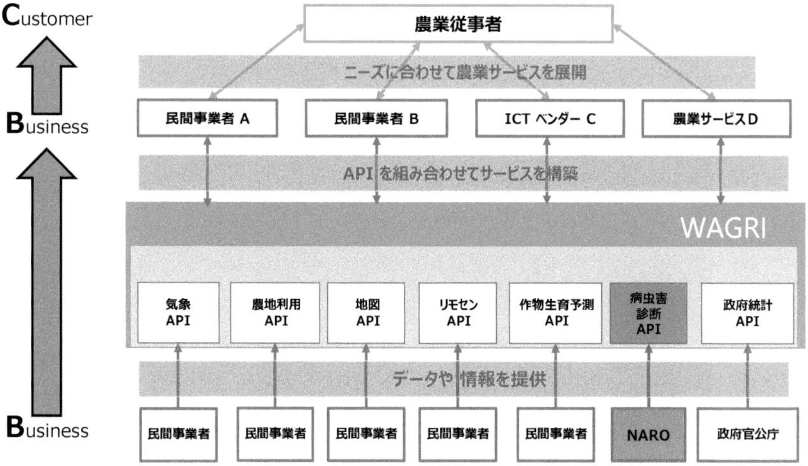

出典：農研機構

AI 導入で生産性向上へ

3.3 ドローンと AI を活用した選抜育種と植生評価法

　スマート育種の大きな目的のひとつは、育種の効率化です。一般的に穀物の育種では、両親となる品種の交配から多くの系統（品種の候補）を養成し、その中から複数年にわたる長い時間をかけて、最も優秀な系統に絞り込んでいきます。選抜のための調査項目は早晩性、収量性、品質関連、耐病虫性など多岐に渡りますが、選抜作業を行う担当者には長年の経験と労力が必要とされています。このため、多くの系統から優秀な特性を備えたものを効率的に選抜する手法の確立が求められていました。

　農研機構北海道農業研究センターは、株式会社バンダイナムコ研究所と共同で、熟練した育種家が優良な牧草を選び出す技術を、ドローンで撮影した画像を AI が学習することで、優良な株の選抜を自動的に行う育種評価法を開発しました（**図表 3.3.1**）。

　例えば約 1000 株の牧草畑の場合、これまで育種家は、優良な牧草を選び出すために畑を 2 時間以上歩いて、肉眼観察で牧草を一株ずつ評価していましたが、本技術を用いることで、あらかじめ学習させておいた AI がこの作業を 5 分程度で行えるようになります。あくまでも育種家を支援する目的で開発されました。

【優良牧草の AI スマート育種評価法】（図表 3.3.2）

　最初に AI 学習用の畑空撮画像と、対応する育種家評点のセットを準備します。本研究では学習用画像：検証用画像：試験用画像 =8:1:1 の比率で全個体を無作為に分類し、学習用画像と育種家評点とのセットを使って AI に学習させました。育種評価点は、草勢（収量を予測する指標）、越冬性（無事に越冬できたかの指標）、罹病程度（病気の状態を示す指標）をそれぞれ 9 段階に分類します。

　学習によって、複数の AI モデルが作成されます。これらの AI モデルに検証用画像を評点予測させ、予測点と育種家評点を比較して正答率を検証します。その結果、正答率の高かった AI モデルを選択します。そのモデルに試験用画像を評価させたところ、上下 1 点

図表 3. 3. 1　育種畑のドローンによる空撮画像

出典：農研機構北海道農業研究センター

図表 3. 3. 2　AI スマート育種評価法

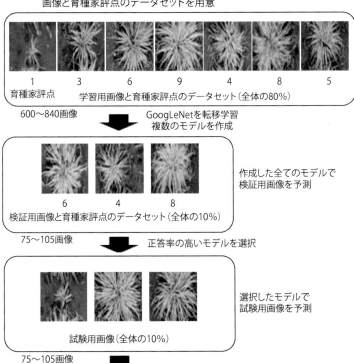

出典：農研機構北海道農業研究センター

AI 導入で生産性向上へ

の誤差を正答とした場合、ほぼ9割以上の正答率が得られ、この手法が実用可能と示されました（**図表3.3.3**）。本手法を用いることにより、多くの個体数を評価できるようになりました。数多くの個体から選抜できれば、優良個体が選抜される可能性は高くなります。

【混播栽培における牧草割合算出AIモデル】

　放牧や採草を行う牧草地では、飼料の生産性や品質の向上を目的としてイネ科牧草とマメ科牧草の混播栽培が広く行われており、飼料中のマメ科牧草を適正な割合（約30%）に維持することが必要です（**図表3.3.4**）。今回、ドローンを用いてイネ科牧草・マメ科牧草が混播された草地を撮影し、AIモデルにより空撮画像上のマメ科牧草の被度を推定する植生評価法を共同開発しました。

　空撮画像で1m²の牧草地におけるマメ科牧草を人手によって判別し、被度を画像解析で算出するには3時間以上かかりますが、AIモデルを用いることで、同様の精度で、高速（約2.5秒）かつ自動的に被度の推定を実施することができます。本成果により、草地のマメ科牧草割合が簡易に把握でき、局所的な施肥、追加の播種などの精密な草地管理が可能になると考えられます。

　ここで、牧草割合算出AIモデルについて概要を説明します（**図表3.3.5**）。最初に、イネ科牧草・マメ科牧草の混播試験草地の空撮画像に対して、マメ科牧草の領域について人手で塗り分けた画像を作成し、AIモデル学習のためのデータセットを作成します。ニューラルネットワークのモデルを学習させることで、空撮画像の断片のマメ科牧草被度を推定するAIモデルを作成しました。これを用いて、別の空撮画像に対して推定を行うと、マメ科牧草が多い、または少ない箇所を認識し、被度とその分布状況を推定することができました。

　複数の検証用画像に対して推定を行い、画像全体のマメ科牧草被度の推定結果を算出したところ、人手で精密に塗り分けて得られたマメ科牧草被度と高い相関がありました。本AIモデルの利用により、マメ科牧草の分布に合わせて精密な施肥を行うことができ、草地の生産力向上・肥料の削減が可能になります。

図表 3.3.3　AI 予測点と育種評価点の誤差

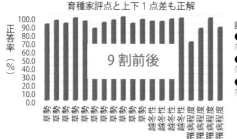

育種家評点と上下 1 点差も正解

（縦軸）正答率（％）
100.0 / 90.0 / 80.0 / 70.0 / 60.0 / 50.0 / 40.0 / 30.0 / 20.0 / 10.0 / 0.0

9 割前後

（横軸）草勢 草勢 草勢 草勢 草勢 草勢 草勢 草勢 越冬性 越冬性 越冬性 罹病程度 罹病程度 罹病程度

評価項目
●草勢（収量を予測する指標）
「1」の極不良から「9」の極良まで数値で表す
●越冬性（無事に越冬できたかの指標）
「1」の極不良から「9」の極良
●罹病程度（病気の状態を示す指標）
「1」の軽微から「9」の甚大

出典：農研機構北海道農業研究センター

図表 3.3.4　イネ科牧草とマメ科牧草の混播栽培

イネ科牧草　＋　マメ科牧草

出典：農研機構北海道農業研究センター

45

図表 3.3.5　牧草割合算出 AI モデル

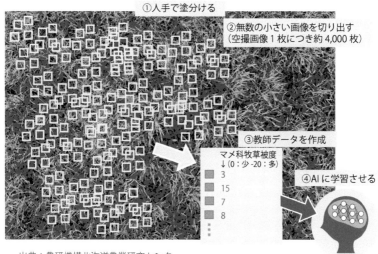

①人手で塗分ける
②無数の小さい画像を切り出す
（空撮画像 1 枚につき約 4,000 枚）
③教師データを作成
マメ科牧草被度
↓（0：少 -20：多）
3
15
7
8
④AI に学習させる

出典：農研機構北海道農業研究センター

AI 導入で生産性向上へ

3.4 キャベツ完全自動収穫ロボットの登場と普及課題

　現在、農業は労働力人口の減少により、作物生産減少の危機を迎えています。特に作物収穫時には、労働ピークとなり収穫作業者が集まらないという課題を抱えています。労働集約的作業（収穫、運搬、調製等）のロボット化・自動化が求められています。

　アメリカの大学でロボティクスを学んだ東京大学大学院情報理工学系研究科の深尾教授は、日本の農業をロボティクスで救おうと、農林水産省をはじめ各農機メーカーと農業の自動化・ロボット化を連携して進めています。農作物では、キャベツ・タマネギ・ジャガイモ・トマト・リンゴ・ナシなどを対象としています。

　ここでは、オサダ農機株式会社と共同で研究開発をした「キャベツ自動収穫機」を紹介します。キャベツの自動収穫と外葉調製・コンテナ収納の自動化と、コンテナの自動運搬技術の開発は、キャベツ収穫時の労働力不足や収益性向上に、大いに寄与します。

【AI によるキャベツ画像認識】

　開発した技術では、RGB-D カメラ（色画像とともに距離も計測可能なカメラ）を用い、AI をキャベツの画像認識などに利用することで、収穫やコンテナ収納などの性能向上を図っています。キャベツ収穫機を改造し、AI の情報をコンピューターからの指令で、操舵（ステアリング部）と速度（シフト部）、収穫部の上下などを稼働させることで、自動化を可能にしました。**図表 3.4.1** に示したように、屋根の前方（収穫部の真上）に取り付けたカメラで収穫するキャベツの列（写真右上）を検出し、下部側方に取り付けたカメラでキャベツの収穫する部分（写真右下）を AI により認識することで、自動運転しながら収穫していきます。

　また**図表 3.4.2** の写真左に示したように、コンテナにも自動で収納していき、満杯になると、写真右のように自動運搬車が収穫機に近づいた後に自動ドッキングし、キャベツの入ったコンテナと空のコンテナを自動交換します。さらに、コンテナを自動でトラックの

荷台に積載します。このようにキャベツ収穫において、ほとんどの作業を自動化しています。開発した技術については、農研機構のスマート農業実証プロジェクトで実証試験を実施しています。また、北海道以外では、滋賀県や静岡県の農家で実証しており、市場投入に向けて研究が進められてます。

　また、このキャベツ自動収穫機は高価なので、収穫時期をずらすなど、共同利用を含めた運用方法も併せて検討する必要があります。本自動収穫技術は、次世代の若い後継者に魅力のある野菜生産を提示できるとともに、新規参入や女性の参入を促すことで将来の農業生産の発展にもつながることが期待されます。

図表 3.4.1　キャベツ自動収穫機と AI による認識

出典：東京大学・深尾教授、オサダ農機株式会社　※赤丸印：カメラ位置

図表 3.4.2　コンテナへの自動収納とコンテナ交換

出典：東京大学・深尾教授、オサダ農機株式会社

AI 導入で生産性向上へ

3.5 ゲノム編集 AI 技術による 短期間での品種改良

　育種とは、なんらかの方法によって DNA 配列を変化させ、より価値の高い品種（収量増加、耐病性など）を作り出すことです。

　ゲノム編集技術は、狙った遺伝子を切断し、突然変異を促すことができます。このため、従来の品種改良でできたものと同等のものを、効率的かつ迅速に作ることが期待できます（**図表 3.5.1**）。また、遺伝子組換え技術と違いゲノム編集技術は、外から遺伝子を持ってくるのではなく、DNA 配列を切断することで変化させるので、いくつかの農作物は国への届出が完了しています。

　名古屋大学発スタートアップのグランドグリーン株式会社は、次世代の食農を創造する研究開発型のアグリバイオ企業として、2017 年に設立しました。同社は、独自開発した作物のゲノム編集基盤技術を用いて新種苗開発を行っています。その中で、ゲノム編集に関する独自の技術を提供しています。

【ゲノム編集に関する独自技術を開発】

　1 つ目は、汎用的デリバリー技術（幅広い植物の種類に活用できるベクター送達技術）「gene App™」です。これは、遺伝子組換えを介さず、かつ組織培養が不要なため、従来技術に比べ短期間で高

48

図表 3.5.1　ゲノム編集の目的

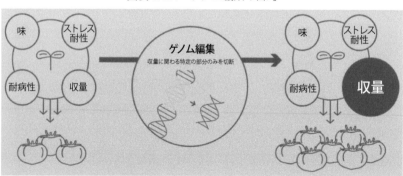

出典：グランドグリーン株式会社

効率なゲノム編集を実施することが可能です。2つ目は、オリジナルゲノム編集 kit「3GE™」です。従来技術に比べ、植物細胞向けに独自改良を施したゲノム編集ツールと、発現ベクター（外来遺伝物質を別の細胞に人為的に運ぶために利用される DNA または RNA 分子）によって高効率なゲノム編集を提供します。

【AI 活用でゲノム編集を高い確率で予測】

　しかし今までは、精緻に遺伝子の機能を調節することは予測が難しく、個別に実験を実施して確かめるしかありませんでした。そこで、AI 技術のうち深層学習を用いて遺伝子の発現強度を予測するモデルを構築し、コンピューター内でゲノム編集を行うことで、期待する変化をもたらす遺伝子配列の予測を行います。これにより、ゲノム編集技術を用いて、自然界でも起こり得るわずかな DNA 配列の変化を引き起こし、狙った遺伝子の働きを調節することが可能になります（**図表 3.5.2**）。

【ゲノム編集技術を活用した共同種苗開発】

　同社は、農林業、食品加工用の原料など様々なニーズ・用途に応じて、ゲノム編集技術を活用した共同種苗開発を提供しています。目標となる品種の作出に向けた戦略策定からゲノム編集の実施、官庁への届け出データ取得までのサービスを提供しており、現在約20のプロジェクトが動いています（**図表 3.5.3**）。

　代表例が、株式会社レボインターナショナルとのゲノム編集技術を活用した共同品種開発です。レボ社は、バイオ燃料化技術の研究開発及びバイオディーゼル燃料の製造・販売に取り組んでおり、新たな油脂原料調達をテーマに食糧と競合しない原料植物「ジャトロ

図表 3.5.2　AI による遺伝子の発現強度予測モデルの構築

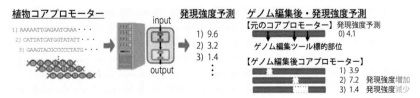

出典：グランドグリーン株式会社

AI 導入で生産性向上へ

ファ」の優良品種開発と、ベトナムでの栽培方法の研究を行っています（**図表 3.5.4**）。2028 年度には本格的なバイオ燃料用油脂の生産として、15,000ha への栽培面積拡大を計画しています。

　グランドグリーン社は、ジャトロファのバイオ燃料化原料としての油脂生産性を最大化すると共に、未利用荒地の緑化を見据えた更なる生命力の強化を目的に、レボ社が選定・開発した品種に対して、ゲノム編集技術を活用した共同品種開発を行っています。

図表 3.5.3　共同開発実施フロー

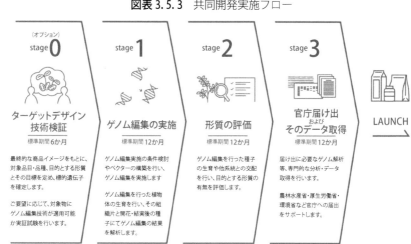

出典：グランドグリーン株式会社

図表 3.5.4　ジャトロファのベトナムでの栽培

出典：株式会社レボインターナショナル

4

畜産・水産ビジネスで
活躍するAI先進事例

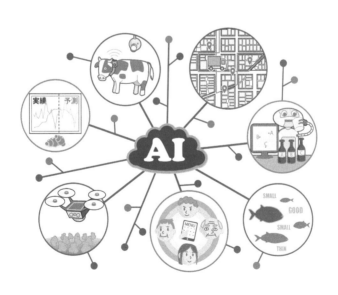

4.1 スマート畜産の先に酪農クラウドと次世代型畜舎の展望

　日本の畜産業においては、畜産生産者の高齢化・担い手不足、防疫、夏季の暑熱、悪臭、海外依存による飼料高騰など、多くの課題があり、深刻さを増しています。そうした諸問題を解決するための画期的な手段として期待され、現在、普及が進んでいるのが、「スマート畜産」としてのロボット、AI、IoT です。スマート畜産の普及が進む背景について、宇都宮大学の池口厚男教授に聞いてみました。

【畜産分野のスマート化の費用対効果】

　畜産の分野は、スマート化との相性がいいと言われています。耕種農業では、農作物の単価が安いため、スマート機器を導入するだけでは費用回収がままならないのに対し、畜産は生産物の単価が高いため、導入コストをカバーしやすいメリットがあります。代表的な例として、搾乳ロボットに関しては、導入すると乳量が増加し、労働生産性が 5 倍になるというデータもあり、費用対効果が見えやすく、畜産におけるスマート化に向けて法人の規模の大きいところから導入が進んでいます。また、餌寄せロボット、自動給餌器、お掃除ロボットなどの労働力軽減機器が導入されています。

【スマート畜産技術の分類と酪農クラウドの構築】

　図表 4.1.1 に、スマート畜産技術の分類を紹介します。

項目 1） はスマート畜舎です。日本の畜産は飼養形態として舎飼いが圧倒的に多く、一生を畜舎の中で過ごす家畜も少なくないため、家畜の快適性に配慮した飼養管理を達成し、家畜を健康に飼うことでストレスが減り、美味しい生産物を提供することができます。

項目 2） は搾乳ロボット等の作業の自動化です。担い手、労働力不足が課題の畜産業においては、省力化のための自動機器の導入が重要です。最近では、センシング機能を装備してさまざまな情報を収集しています。これらは専用管理ソフトと連携して、自動機器の制御にフィードバックされます。

項目 3） は個体のイベント検知で、主に生体情報を取得します。個

体の電磁気的識別、体温、動作行動、体重、体型のセンシング、発情、分娩、疾病の早期発見というものです。

項目 4） はクラウドによる統合制御と経営支援です。現状では項目2）、3）の技術からクラウドにデータが収集されて、AIを活用しながらアラート通知やデータの見える化などが行われています。

　現在市販されているIoTやAIを活用した畜産向けの製品やサービスは、システムとして個別に稼働しています。池口教授は、これらを統合化して「酪農クラウド」を構築し、それぞれを連携させ、それを次世代の閉鎖型畜舎と統合することで、高度な自動環境制御が可能となり、利益が出るスマート畜産が実現すると考えています（**図表 4.1.2**）。

図表 4.1.1　スマート畜産技術の分類

項　目	内　容
1）畜舎	高度な環境制御（局所環境制御）、スマート技術導入基盤
2）作業の自動化	各作業の自動化による省力化：搾乳ロボットなど
3）個体のイベント検知、生体情報の取得	個体の電磁気的識別、分娩、発情、疾病などの個体のイベント検知や体型、体重なども含めた生体情報センシング
4）クラウドによる統合制御、経営支援、データーベース連携	各機器からのセンシング情報の統合。見える化、機器の制御、アクションプランの提示、経営支援 他のデータベース（家畜診療、流通、金融など）との連携

出典：宇都宮大学　池口教授

図表 4.1.2　AIを活用した酪農クラウド

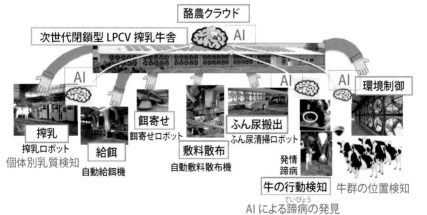

出典：宇都宮大学　池口教授

AI導入で生産性向上へ

4.2 牛の発情・活動低下の AI 検知による早期対応

　近年、畜産分野において、アニマルウェルフェア（家畜を快適な環境下で飼養する）に配慮した家畜の飼育方式が提唱され、その飼育方式に適した管理方法のひとつとして、牛に首輪型センサーを取り付けて、複雑な牛の行動や状態の変化を、AI 処理により推定し、緊急時には人が対応できるシステムが登場しました。

　株式会社ファームノートは、北海道帯広市で畜産 IoT ソリューションの開発・提供をしている会社として、2013 年に創業しました。クラウドベースの牛群管理システムを開発・発売しています。同社のソフトでは、スマホやタブレットで牛群を個体識別番号で管理するとともに、3 軸加速度センサー（Farmnote Color）を牛の首に装着し、個体の活動履歴、血統・投薬等の記録・管理・分析・共有ができる他、繁殖対象牛、ワクチン接種すべき牛などを簡単に把握できるようにしました。

【収集データより AI が生産者に個体の情況を通知】

　牛の首に取り付けられた Farmnote Color により、リアルタイムに牛の活動情報を収集します。クラウド（Farmnote Cloud）に転送されたデータを人工知能が個体別に学習し解析した結果から、繁殖に重要な発情兆候をはじめとし、活動低下、起立困難、分娩兆候などを検知し、生産者のスマートフォン等に通知する仕組みです（**図表 4. 2. 1**）。

　図表 4. 2. 2 に Farmnote Color により取得されたデータの「発情グラフ」と「行動分類グラフ」を示しました。行動分類グラフは、収集された牛の活動量データを「反芻・休息・活動」の 3 つに分類し、1 日の牛の行動の割合を確認することができ、牛の変化を読み取ることが可能となります。

　牛の状況を記録・整理し、行動や判断の助けになる情報を与える牧場作業に特化した牛群管理システムが、Farmnote Cloud です。情報を一元管理することで、作業の抜け漏れを防ぐとともに作業効率化の検討や意思決定を支援します（**図表 4. 2. 3**）。

図表 4. 2. 1　牛の 3 軸加速度センサーによる行動検知

| 発情兆候 | 活動低下 | 起立困難 | 分娩兆候 |

出典：株式会社ファームノート

図表 4. 2. 2　個体ごとの発情グラフ（左）と行動分類グラフ（右）

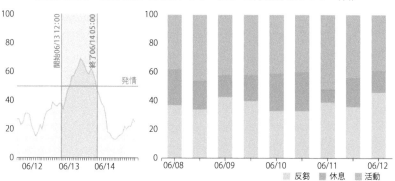

開始06/13 12:00　　終了06/14 05:00　　発情

反芻　休息　活動

出典：株式会社ファームノート

図表 4. 2. 3　牛群管理システムの仕組み

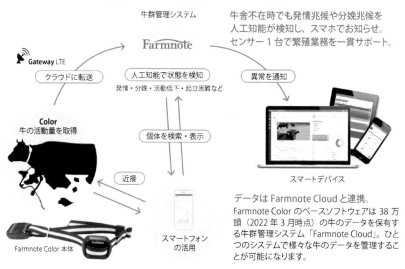

牛群管理システム

牛舎不在時でも発情兆候や分娩兆候を
人工知能が検知し、スマホでお知らせ。
センサー 1 台で繁殖業務を一貫サポート。

Farmnote

Gateway LTE

クラウドに転送

人工知能で状態を検知
発情・分娩・活動低下・起立困難など

異常を通知

Color
牛の活動量を取得

個体を検索・表示

近接

スマートデバイス

Farmnote Color 本体

スマートフォン
の活用

データは Farmnote Cloud と連携。
Farmnote Color のベースソフトウェアは 38 万
頭（2022 年 3 月時点）の牛のデータを保有す
る牛群管理システム「Farmnote Cloud」。ひと
つのシステムで様々な牛のデータを管理するこ
とが可能になります。

出典：株式会社ファームノート

AI 導入で生産性向上へ

4.3 養豚経営支援 AI システム の導入で飼育期間を短縮

　近年、畜産では工業化が進み、世界的には畜産で排出される CO_2 が、大きな環境問題となっています。世界で飼育されている豚は約 8 億頭に達し環境負荷が高く、環境負荷を低減できる効率的な飼育システムが求められています。

　2017 年に創業した株式会社 Eco-Pork は、「誰もが安心して豚肉を楽しむ未来を守ること」を理念に、豚肉の安全・安定供給と養豚産業の環境負荷低減を目指しています。そのため養豚農家に ICT による情報可視化ツール「Porker」や測定カメラをはじめとした各種 IoT センサーを開発し提供するなど、養豚農家の作業効率や生産性改善に取り組んでいます（**図表 4.3.1**）。

　同社が提供する「Porker」は、ICT、IoT、AI の 3 つのテクノロジーで養豚を改善する、クラウド型養豚経営支援システムです。生産の見える化・課題の抽出・オンラインでの課題解決の支援などが可能になり、生産管理と無駄餌削減などの環境負荷軽減を実現しています。豚舎スタッフがタブレットに直接ペンで入力することで情報は即時共有され、経営者や農場長にも豚舎内の状況が瞬時に可視化され即座に対応できます。現在の飼養状況の把握だけではなく、繁殖、離乳、肥育まですべてのステージをデータ化します。

　例えば AI 豚カメラは、豚舎天井に設置したレールに沿って稼動することにより、複数頭の肥育豚の体重を一度に完全自働で推定できるシステムです。豚の輪郭や特徴点などを捉えることにより、豚の姿勢や位置関係によらず、安定した体重推定を実現しています。豚房ごとに複数の豚の体重が測定できるので、毎日の豚の成長度合いが確認できます。測定データは、Porker と自動で連動し、日々の育成管理や出荷計画管理が可能になります（**図表 4.3.2**）。

　AI モデルの開発では、豚房内の複数の測定箇所から豚を撮影し環境要素を一般化させるとともに、実際の豚の体重を計測することで教師データを作成し学習しています。体重推計の精度は± 3.6％

程度という検証結果となっています。また、豚の日々の体重を把握することで最適な餌の種類や変更タイミングを検討できるようになり、飼料価格の抑制や、肥育の効率化により飼育期間の短縮などが可能になると考えられます。

図表 4.3.1　養豚 DX 化へのサービス項目

出典：株式会社 Eco-Pork

図表 4.3.2　AI 豚カメラの仕組み

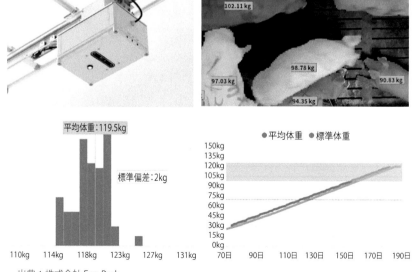

出典：株式会社 Eco-Pork

AI 導入で生産性向上へ

4.4 スマート水産業の AI 活用で技術継承と生産性向上

近年、水産業界は、以下の様々な問題に直面しています。

①人員不足・高齢化：漁業に従事する人が減少して、経験や勘があるベテラン漁師の高齢化が進んでいます。

②技術継承の壁：水産業界は、漁場の探索や餌やりのタイミング、魚の選別など様々な仕事が漁師の経験や勘に依存しています。また、漁師に後継者がおらず、技術が継承されないという事態になっています。

③水産資源の枯渇：世界的に魚の消費量が増えて、水産資源の枯渇が課題になるとともに、養殖の需要が増えてきています。

以上の課題の解決策として今注目されているのがスマート水産業です。スマート水産業とは、ICT・IoT・AI 等の情報通信技術やドローン・ロボットなどの技術を漁業・養殖業の現場へ導入・普及させることで、労働の効率化や生産性の向上を目指しています。

【漁業の暗黙知のデータ化と市況との連動】

ICT・IoT・AI による漁業の生産性向上としては、以下のことが取り組まれています（**図表 4.4.1**）。

・漁海況情報や予測情報、操業支援アプリケーションの活用により、効率的な漁業と技術継承を実現。

・定置網に入網する魚種を陸上で把握し、捕りたい魚を選択的に漁獲。マグロの混獲回避や出漁の効率化を実現。

・市況情報を漁業者に提供するシステムの導入を進めるなど、流通との連携を図り、操業の効率化や販売促進を図る。

【養殖業の DX・AI の導入】

また、ICT・IoT・AI による養殖業の生産性向上としては、以下のことが取り組まれています（**図表 4.4.2**）。

（1）大規模沖合養殖

・遠隔自動給餌システムを導入した大規模プラントの展開や、浮消波堤等による養殖に適した静穏域の確保

(2) 養殖管理の高度化

　　・AI による最適な自動給餌システムや餌の配合の算出、自動網掃
　　　除ロボット等のスマート技術の導入

　また、水産資源枯渇が課題である中で、乱獲防止も重要なテーマ
の一つです。カメラで撮影された様子などを機械学習で分析するこ
とで不審船や不審人物などを素早く把握し、密猟を通報する仕組み
にも AI が活用されています。

図表 4.4.1　ICT・IoT・AI による漁業の生産性向上

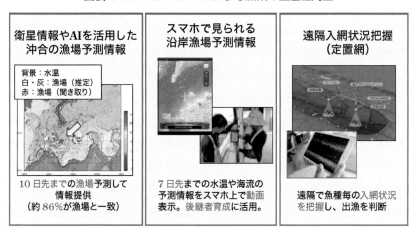

出典：水産庁「スマート水産業の展開について P3」のデータを一部加工

図表 4.4.2　ICT・IoT・AI による養殖業の生産性向上

【大規模沖合養殖】　　　　　　【養殖管理等の高度化】

沖合養殖＋自動給餌システム
（鳥取県境港市）

・スマホで摂餌状況を確認
　しながら遠隔給餌
・餌代や人件費等の経費

・AI を用いた餌料効率の
　高い配合飼料の開発
・大豆・水素細菌等を用
　いた低魚粉飼料の開発

出典：水産庁「スマート水産業の展開について P4」のデータを一部加工

AI 導入で生産性向上へ

4.5 水産養殖のAIシステムで
生育期間を10ヵ月に短縮

　世界の人口は、2050年には97億人に達すると予想されており、深刻なタンパク質不足の可能性が懸念されています。水産養殖は、年間を通した魚の安定供給、安全性の向上、天然資源の保護の観点で持続可能な食料供給のために必要不可欠な存在となっています。

　ウミトロンは、2016年に創業し、成長を続ける水産養殖にテクノロジーを用いることで、将来人類が直面する食料問題と環境問題の解決に取り組む企業です。シンガポールと日本に拠点を持ち、IoT、衛星リモートセンシング、機械学習をはじめとした技術を用い、持続可能な水産養殖のコンピューターモデルを開発しています。

【水産養殖向け自動給餌機AIシステム】

　UMITRON CELL® は、スマートフォン・クラウドを活用した生簀の遠隔餌やり管理が可能な水産養殖向けスマート自動給餌機であり、水産養殖現場での課題解決を提供しています。近畿・四国・九州の養殖現場で使われており、マダイ・ブリ・サーモン等の養殖に貢献しています（図表4.5.1）。給餌機搭載のカメラで、動画撮影による魚の泳ぎ方や餌を食べる様子を機械学習で分析し、給餌の制御を行います。これにより、以下の効果が得られます。

・遠隔での摂餌状況の確認管理により、現場作業を軽減
・ムダ餌の削減による環境負荷の低減（実証結果で餌代2割削減）
・生育データ蓄積による養殖生産ノウハウの伝承

　また、UMTIRON CELL搭載のAIにより魚の食欲に合わせて餌やりをすることで、実証試験では、出荷時のサイズや質を保ちながら生育期間を1年から10ヵ月への短縮を可能にしました。

【魚体測定システムで出荷のタイミングを逃さない】

　前記システムに関連して、UMITRON LENSというスマート魚体測定システムを開発しました（図表4.5.2）。小型のステレオカメラとAIを活用して、水中の魚のサイズを自動計測し、クラウドとデータ連携することで、魚の成長確認もできます。データ収集に際

しては、生簀の中や出荷時の写真を活用しました。これにより、魚の成長具合や、出荷のタイミングなどが把握できます。

　また同社は、UMITRON PULSEを開発しました。海水温、クロロフィル、溶存酸素、塩分濃度、波高など、水産養殖において重要な海洋環境データを高解像度で提供するWebサービスです。世界中にユーザーを有しており、提供する海洋環境データで養殖現場における生育管理に貢献しています。

図表 4.5.1　UMITRON CELL® の設置現場

出典：ウミトロン株式会社

図表 4.5.2　スマート魚体測定システム

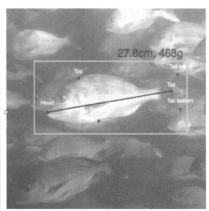

出典：ウミトロン株式会社

AI 導入で生産性向上へ

4.6 AIによる漁獲報告の自動化と漁場選定のサポート

　2020年末、70年ぶりに日本の漁業法の大改正がありました。これまでは、日本には千数百隻ほどの「大臣許可漁業者」である水産事業者に漁獲報告が義務付けられていましたが、より小規模な県知事許可漁業者も漁獲報告が必要になりました。いつ、何を、どれだけ獲ったかという情報を報告書に記載する必要がありますが、書き慣れていない漁師にとって大きな負担になります。

【出港から帰港までを自動記録する"トリトンの矛"】

　オーシャンソリューションテクノロジー株式会社の水上社長は、IoT機器とAIを活用した漁業者支援システム「トリトンの矛」を開発しました。このツールは、出航から帰港まで、操作不要で航跡が自動記録されるだけではなく、漁協や市場からの仕切り書情報（漁獲量や魚価）を一括登録することで、操業日誌が自動で作成できます。また、漁獲報告の自動化が進むことにより、漁協の事務担当者の作業負担を軽減します（**図表4.6.1**）。

【収集データを漁協で共有しAIを使って資源管理】

　さらに、漁協から送信された漁獲報告の内容は電子化・保管されるため、漁業者同士で操業内容の共有や、操業効率の改善を実現します。また「トリトンの矛」は、漁船の航跡をGNSS（衛星測位システム）で自動記録するとともに、AIを活用して漁法推定と操業位置推定を行うことで、海洋の資源評価／資源管理に重要な沿岸漁業者の漁獲努力量を自動で情報収集します（**図表4.6.2**）。

【若手漁師をAIがサポート】

　また同社は、海洋資源を大切にしながら、若手漁師向けに、ベテラン漁師のような漁場選定の判断をAIでサポートするという取組みをしています。例えば、AIを使った「漁場の選定」実証実験では、潮流の方向や海水温、水深深度ごとの塩分濃度といったデータが因子となりますが、ベテラン漁師の判断をAIに学習させてみると、「表面海水温」も重要な因子となりました（**図表4.6.3**）。

通常は、ベテラン漁師が漁場選定と出漁判断を行いますが、水産業の高齢化に伴い、若手漁師に経験と勘を伝えていくことが必要であり、同社はAIの判断を提供しようとしています。

　また同社は、「トリトンの矛」を使って、インドネシアにも進出予定です。目的はシステムをカスタマイズして、国家的な資源評価に取り組むことです。目標は、「トリトンの矛」を世界に広めていくことです。

図表 4.6.1　操業日誌の自動作成の仕組み

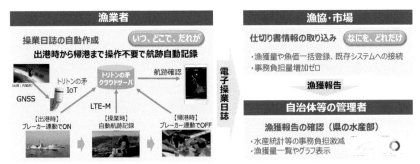

出典：オーシャンソリューションテクノロジー株式会社

図表 4.6.2　漁法推定 AI と操業位置推定 AI

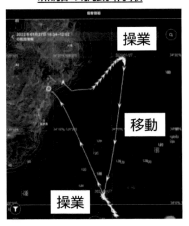

図表 4.6.3　海況データ、操業データから操業効率の向上

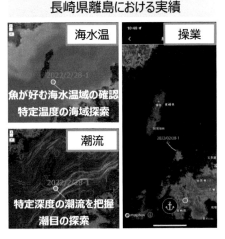

出典：オーシャンソリューションテクノロジー株式会社

AI 導入で生産性向上へ

Hello AI.
What can be done ?

4.7 マグロの格付けの AI 自動化 で品質向上と後継者支援

水産業における高級魚と言われるマグロ、マダイ、トラフグ、ヒラメ等の格付けは、言語化して説明することが難しい暗黙知とされ、担い手の高齢化が進む中、その伝承が課題になっています。

【AI が継承する魚の目利き】

この目利きの技術を継承した AI が、株式会社電通のクリエイティブチームが開発した「TUNA SCOPE」です。TUNA SCOPE がインストールされたスマートフォンでマグロの尻尾の断面を撮影すると、誰でも簡単にマグロの品質を判定できるようになります。

築地から豊洲への市場移転がニュースで取り沙汰されていた 2017 年当時、現責任者の志村氏は、仲買人がマグロの尾の断面から品質を判断している場面に遭遇しました（**図表 4.7.1**）。この技術は、長年の経験と、それに基づく直感によるもので、限られた人間にしかできない極めて感覚的な「暗黙知」です。しかし、仲買人は後継者不足に悩まされ、この貴重な目利きの職能を持つ人材は減少してます。そこでこの仲買人の能力を AI に託すことで、品質評価の支援ができるよう、プロジェクトが始まりました。

【目利きの技を AI に学習させる全国的な取組みの開始】

全国各地の工場や市場と連携し、膨大な数のマグロの尾の断面画像を撮影し、ベテランの目利き職人による品質評価の結果とともに

図表 4.7.1 マグロの仲買人による目利きの判定

出典：株式会社電通

データベース化を実施しました（**図表 4.7.2**）。職人自身もそのノウハウを言語化することが難しいとされる目利きの極意を、ディープラーニングを活用することで AI が独自に解釈し、習得に成功。24 時間 365 日稼働可能な目利きの後継者が生まれました。

　開発した AI をスマートフォンアプリに実装し、日本の焼津・三崎の水産工場、さらには中国・大連の工場での冷凍マグロの検品フローに実際に導入しました。熟練の職人による品質判定の結果と照らし合わせた大連での精度検証の結果、その一致率は約 90% を記録しました。従来の職人による品質判定では、身の締りや脂のノリなどから職人一人ひとりが異なる基準で判断していましたが、AI によりバラツキをなくすことも可能になります（**図表 4.7.3**）。

【マグロ品質の世界標準を確立し乱獲を防ぐ】

　TUNA SCOPE は、世界的な課題である「マグロの資源問題」の解決にも役立つことが期待されています。世界では、マグロは主に重さを基準に取引されており、乱獲で問題となる漁では幼魚も含めた群れをまとめて大量捕獲しています。さらに、一度にまとめて捕獲された魚は網の中で暴れまわるため、ヤケが生じて著しく品質が落ちてしまいます。TUNA SCOPE による世界共通の品質基準ができれば、獲り手側の意識を「量」から「質」重視に変えていくことができます。大量に捕獲するよりも、マグロの品質を保つために丁寧に獲ろうとする獲り手が増えてくれば、資源面も考えた漁法が拡がっていくことにもつながります。

図表 4.7.2　AI の教師データ撮影とデータベース化

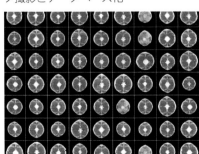

出典：株式会社電通

AI 導入で生産性向上へ

販売面では2020年、TUNA SCOPEによって最高品質のお墨付きを得たマグロ「AIまぐろ」が大手回転寿司チェーン「くら寿司」で全国展開され、実際にお客様に提供されました。さらに全国各地のスーパーマーケットにおいても、TUNA SCOPEを活用した商品が販売され、AIの認定を受けた確かな品質のマグロが消費者のもとに提供されました（**図表4.7.4**）。

図表4.7.3　TUNA SCOPEによるAI品質判定のイメージ

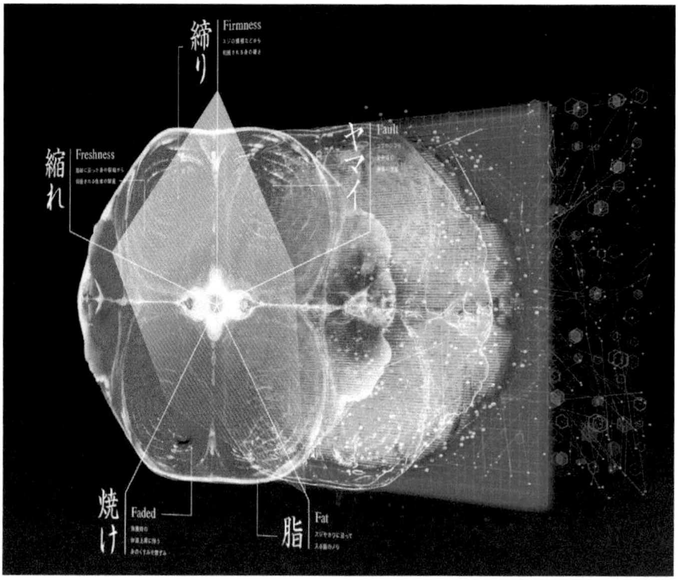

出典：株式会社電通

図表4.7.4　店頭に並ぶ「AIマグロ」

出典：株式会社電通

5

食品製造ビジネスの
商品開発で
活躍するAI先進事例

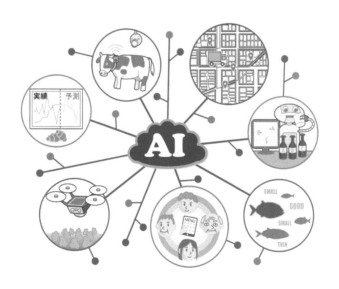

5.1 パッケージデザインの AI 評価 & 生成で売上向上

　パッケージデザインとは、商品のコンセプトや価値を魅力的に表現し、消費者の購買意欲を高めるための包装や容器のデザインのことです。商品を保護する機能や使いやすさを考慮するとともに、ターゲットユーザーの好みに合わせて色・形状やグラフィックを工夫します。パッケージデザインは、店頭に並べた時の見栄えや印象も考慮し、商品の価値を上げることを狙いにしています。

　株式会社プラグは、2014 年にデザイン会社とマーケティングリサーチ会社が合併してできました。現在、デザイナー 30 名、リサーチャー 30 名が在籍しています。同社は、「パッケージデザイン AI」を提供しており、AI が複数のデザイン案に対して、「好意度予測（性・年齢別）」「ヒートマップ（注目ポイント）」「イメージワード（好意度理由）」「好意度のバラツキ」を予測するサービスとして、東京大学との共同研究によって開発しました（**図表 5.1.1**）。

【消費者調査を学習した AI】

　同システムは、約 10,000 商品、約 1,000 万人の消費者調査の結果を AI に学習させており、これまで多くの企業で導入されています。また年 2 回、20 ～ 59 才に対して年間 1,400 商品以上のパッケージデザインについての消費者の調査を継続し、AI に学習させていくことで、AI の精度をさらに向上させるとともに、時代のトレンドを加味した分析が可能になるとしています。

　1 画像あたり 15,000 円（定額プランあり）とリーズナブルな価格で、Web にデザイン画像をアップロードしてから結果表示までわずか 10 秒と、時間とコストを大幅に削減することができます。また、絞り込んだ商品のパッケージデザイン評価結果をレポートとして確認することができます。「パッケージデザイン AI」を導入した企業では、商品の売上が大幅にアップする例もでています。

事例：オタフクソース株式会社は、「お好みソース大人の辛口」をリニューアルするにあたり、効果的なデザイン開発を行うために、

図表 5.1.1 AIによる好感度予測とヒートマップ

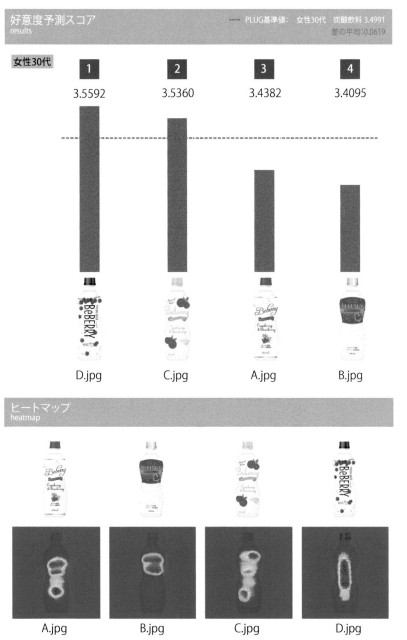

好意度予測スコア
results

PLUG基準値： 女性30代　炭酸飲料 3.4991
差の平均：0.0619

女性30代

1	2	3	4
3.5592	3.5360	3.4382	3.4095

D.jpg　　C.jpg　　A.jpg　　B.jpg

ヒートマップ
heatmap

A.jpg　　B.jpg　　C.jpg　　D.jpg

出典：株式会社プラグ

AI 導入で生産性向上へ

新デザインがよりターゲットに刺さる魅力的なデザインなのか確認する目的で、パッケージデザイン AI を導入しました。新デザイン案では、イメージワードの「特徴がわかりやすい」の項目で、既存デザインの 2.2 倍の評価を得ることができました（**図表 5.1.2**）。

【デザインの評価から画像生成 AI に進化】

プラグは 2023 年 9 月に、デザイン評価だけではなく、パッケージデザイン用に改良した『商品デザイン用画像生成 AI』（以下、本 AI）を開発しました。本 AI は、例えば「ペットボトルの緑茶」などの文字を入力するだけで、商品デザインの生成が可能になります。

株式会社伊藤園の『お～いお茶 カテキン緑茶』のリニューアル発売に際し、本 AI のパイロット版を活用し、デザインが開発されました。具体的には、本 AI を複数回活用しました。また、前述の「パッケージデザイン AI」を使い、どのデザインが消費者に好まれそうかを確認しながら、デザインを絞り込みました。

1. 本 AI でデザインを生成
2. 生成したデザインを見ながら、方向性のディスカッション
3. デザイナーによるデザイン作成
4. パッケージデザイン AI で評価し、デザインを絞りこむ
5. デザイナーによるデザインのブラッシュアップ

上記 1 ～ 5 の作業を複数回繰り返し、最終的な商品デザインが決定しました（**図表 5.1.3**）。

本 AI のメリットとして、以下が挙げられます。

・短時間で大量の多様なデザインの生成が可能になり、デザインのアイデアの幅を広げることができる
・打合せをしながら画像生成もでき、デザインの方向性を議論できるので、合意形成がスムーズになる
・デザインの方向性を明確にした上で制作ができるので、デザイン開発の短縮化が可能になる

本 AI で、マーケターやデザイナーの創造性を広げ、より高度化された効果的なデザイン開発が実現できます。

図表 5.1.2　パッケージデザイン AI 導入事例

AIによる評価

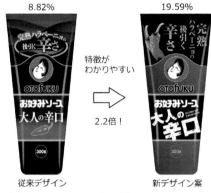

従来デザイン → 新デザイン案

特徴が
わかりやすい

2.2倍！

8.82% → 19.59%

出典：オタフクソース株式会社

図表 5.1.3　商品デザイン用画像生成 AI 導入事例

■商品デザイン用画像生成AIでデザインを生成
短期間で大量の多様なアイデアの創出が可能に。デザインの方向性を明確にします。

■デザイナーによるデザイン作成
生成AIの画像を参考に、イラストやデザインをデザイナーが作成し直しています。

出典：株式会社プラグ　プレスリリース

AI 導入で生産性向上へ

5.2 味覚の数値化を実現した AI 味覚センサーの開発

食品の味覚評価は、人の官能特性による「官能評価」だけでなく、理化学分析値、組織構造観察、味覚センサーなどによる機器を用いて行われます。現在では、多くの食品企業で人の官能特性（味覚）を用いて評価が実施されています。今後、AI を活用した新商品開発に必要になるのが、味覚の数値化です。官能評価は、人によるばらつきもあり、味覚を定量的に測定する手段が求められています。

人間は「美味しい」を五感（味覚、嗅覚、触覚、視覚、聴覚）で味わいます。味覚について、人間は味を舌で感じ取っています。舌にある味蕾（みらい）という器官で味を感じ取り、ニューロン（神経細胞）を通して脳で『甘酸っぱい』とか『苦い』などを知覚します。味覚には生理学的に 5 基本味と呼ばれるものがあり、酸味・塩味・苦味・旨味・甘味の 5 つの要素で成り立っています。

【基本味をデータ化して AI が人の味覚を定量化】

OISSY 株式会社は、味覚を定量的データとして出力することが可能な機械「味覚センサーレオ（**図表 5.2.1**）」を使用して、食品企業に味覚データの提供やコンサルティングをしています。酸味・塩味をポテンショメトリックという方法にて電圧値を測り、甘味・旨味をアンペロメトリックという方法で酸化還元反応の電流値を測ります。苦味は両方の方式を用いて測ります。

これらの計測されたデータから濃度を算出し、さらに AI 技術であるニューラルネットワークという、つまり人間が感じる味の強さを学習させ解析する仕組みを用いています。そして 5 つの味の強さを定量データとして出力しています（**図表 5.2.2**）。

味覚センサーを使って味を定量化すると、味チャートが得られます。このチャートでは味の強弱がわかるため、その食品の特徴が明確になるだけではなく、食べ合わせを考える上でも役に立ちます。例えば、白ワインには肉より魚との相性が良いと、味チャートから説明ができます。

OISSY は、「味覚センサーレオ」の技術をブラックボックス化しており、装置は食品企業には貸し出さず、試作品の検体を自社内で分析して報告書を提出する方法をとっています。また、食品会社によって味覚評価がバラバラで、分析方法をカスタマイズする必要があることも、本方法を採用する理由のひとつです。鈴木社長は、将来的に自社の味覚評価方法を広く標準化していきたいと考えています。

図表 5.2.1　味覚センサーレオ

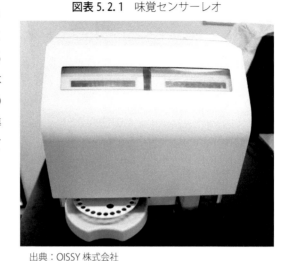

出典：OISSY 株式会社

図表 5.2.2　味覚センサーで人間の味覚を測る

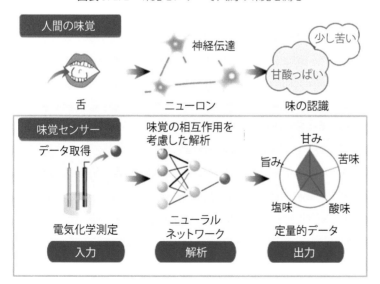

出典：OISSY 株式会社

AI 導入で生産性向上へ

5.3 醸造匠 AI による試作結果予測とレシピ探索で開発生産性向上

　AI は、食品企業の商品開発分野でも活用が進んでいます。特に近年は、顧客の多様なニーズを受けて多品種化が進んできており、開発者の負担は増え続けています。そこで、AI を活用した分析力と予測力は、消費者ニーズを追うのに適しており商品開発の分野で活躍が期待されています。

【醸造匠 AI：条件設定だけで試作品の味を予測】

　キリンホールディングス株式会社と株式会社三菱総合研究所は、2017 年にビールにおける「試作結果予測機能」を持った「醸造匠 AI」を共同開発しました。これは、過去の試験醸造データを機械学習した AI に技術者の知見を取り入れて機能を強化し、原材料の配合や工程条件を設定すれば、どのような試作品ができるかを AI が予測し提示するものです（**図表 5.3.1**）。

　今まで積み上げてきた試験醸造データ 4 〜 6 千件を機械学習させることにより、色・苦み・アルコール・窒素分・アミノ酸などの試作結果予測が可能になりました。そして、未学習データから、予測した項目毎に精度を検証しました。本機能を活用することで、技術者がレシピ条件から試作結果を事前予測することが可能となり、商品開発業務が効率化されました（**図表 5.3.2**）。

【目標とする味から原材料や工程条件のレシピを生成】

　一方で、目標とする味を実現するレシピの着想には技術者の経験値や発想力が求められるため、依然として技術者による個人差がありました。この問題を解決するために、目標とする味から原材料や工程条件を探索する「レシピ探索機能」の開発を成功させました。「醸造匠 AI」に追加した「レシピ探索機能」は、目標とする味の指標値を入力することで AI がレシピ候補を提示します（**図表 5.3.1**）。

　本機能により、経験の浅い技術者も熟練技術者と同様に、目標とする味を実現するレシピ候補を抜け漏れなく洗い出すことができま

す。また、さまざまな特長を持つレシピ案を複数提示するため、熟練技術者にとっても新規性の高いレシピの発見が見込めます。

　ビールのおいしさは、指標値だけでは表すことのできない味や香味バランスで成り立つため、最終的には技術者によるレシピ開発が欠かせませんが、AIと人の五感をかけ合わせることで、これまでにないビールをより効率的につくることが期待できます。

　「醸造匠AI」で「試作結果予測機能」と「レシピ探索機能」という一対の機能が完成したことにより、開発および試作業務の飛躍的な効率化が進み、技術者は創出された時間で人にしかできない価値創造を行うことが期待できます。また、熟練技術者のビール醸造のノウハウが取り込まれた「醸造匠AI」を通じて、熟練技術の伝承促進も見込めます。

図表5. 3. 1　AIによる「試作結果予測機能」と「レシピ探索機能」

出典：キリンホールディングス株式会社

図表5. 3. 2　醸造匠AIの使用と実際の試作の様子

出典：キリンホールディングス株式会社

AI導入で生産性向上へ

5.4 AI 献立作成システムにより 作成時間が大幅に短縮

　給食業界では人手不足が特に顕著にあらわれてきており、その中でも、管理栄養士や栄養士は慢性的な不足状態で、業務量増加により退職していく人も多くいるのが現状です。特に、栄養管理（エネルギー、タンパク質、水分、食塩など）が必要な特定の人に対して、食事を提供する施設を特定給食施設と呼んでおり、ここでは献立作成上の管理も複雑になるので負担の増加が問題となっています。

　北海道の旭川に本社と工場を擁する株式会社フレアサービスは、2000年に創業して以来、主に高齢者向け給食などの食品製造を営んできました（**図表5.4.1**）。従業員はグループ会社を含めると、約350名になります。本来の栄養士の仕事とは、期待に応える献立をつくり、商品を開発し、健康になる料理を提供することで、喜ばれる食事を低価格で販売することの追及です（**図表5.4.2**）。

　しかし、実際には作業に忙殺され、献立表を機械的にコピーし、お客様の意見を聞くことができずにいました。西村社長は常日頃、自社にDXを導入したいと考えており、前述の状況を打破し栄養士の価値を取り戻したいと考えていました（**図表5.4.3**）。

【産学官連携による AI 献立作成システムの開発】

　2019年当時、産学官連携に関して公的機関の支援があり、同社は、2009年に北海道大学発のベンチャー企業として生まれた株式会社調和技研と共同で、「AI 献立作成システム」の開発に取り掛かりました。フレアサービスが献立作成の要件（ノウハウ）を提供し、調和技研がそのノウハウを制約条件に落とし込むことで、組合せ最適化 AI システムを開発しました。調和技研の社外取締役である北海道大学川村教授は、同社に対してキーテクノロジーである組合せ最適化（用語解説参照）をシステムに取り入れる技術支援をしています。

　同システムの特徴としては、高齢者施設や幼稚園など利用者に合わせた栄養価や食材原価となるように、利用者のカテゴリーごとに適した条件を設定することが可能です。また、彩りの良さや、味付

け、調理方法、和洋中、使用する食材などについて頻度や使用間隔を設定するなど、日々の食事のバリエーションを出すための工夫も可能で、飽きがこないようになっています。

【AI献立作成の手順】

①主菜、副菜といった料理データを組み合わせ、1食の献立の集合を作成します。

②制約条件を決めて入力します。

③作成した1食の献立集合を更に組み合わせることにより、1ヵ月の献立を作成しています。

④基本献立を作成したうえで、個別に食種展開や禁食・アレルギー対応を取ることにより全献立を作成します（**図表5.4.4**）。

一食の献立作成においては、各種制約条件を決めて入力すると自

図表5.4.1　給食の製造作業

出典：株式会社 フレアサービス

図表5.4.2　高齢者向けの食事

出典：株式会社 フレアサービス

AI導入で生産性向上へ

動的に献立が作成されます（**図表 5.4.5**）。人の感覚として組み合わせの悪い献立の精査や、人の手で作成した行事食などを新たに追加設定することも可能です。

【1ヵ月でみた原価目標などの制約条件の設定が可能】

　また1ヵ月の献立作成における制約条件としては、1日分の原価平均目標、食材の使用間隔、和洋中の使用間隔、料理の使用間隔、製造工数、1ヵ月平均の栄養価などを決めて入力すると、自動的に朝昼夕の献立が3パターン作成されます。献立の中で赤の塗りつぶしの箇所は、画面左に「展開エラー」としてコメントが表示されます。システムが条件を満たす代替候補を提示し、栄養士が選択して登録します（**図表 5.4.6**）。ここでは、組合せ最適化の技術である貪欲法（要素を複数に分割し、独立に評価を行い、評価値の高い順に取り込んでいくこと）により初期解を作成し、独自の近傍探索手法（距離空間における最も近い点を探す最適化問題の一種）により出来るだけ条件を満たす献立を作成しています。

【AI導入で栄養士の暗黙知が誰でもわかるように】

　これまでの献立作成は栄養士により、暗黙知を含んだ専門知識を用いて行われていましたが、最低限の条件を満たすのに精一杯で顧客満足向上に手が回らないといった問題がありました。「AI献立作成システム」を使用することで栄養士の作業負荷の軽減を実現するだけではなく、より顧客満足度の高い料理の開発や、条件の難しい利用者への個別対応といった人手でしかできないところで人材を活

図表 5.4.3　栄養士の献立作成作業

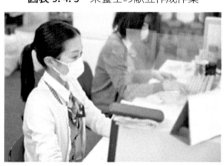

出典：株式会社フレアサービス

躍させることができるようになりました。

　同システムを用いると、1食種で2週間ほどかかる業務時間が20分程度で作成可能となります。両社は本システムを中小の給食業界に販売することにより、全国の給食業界にとって効率化が進むことを目標に掲げて、開発を進めています。

図表5.4.4　自動献立システムの概要

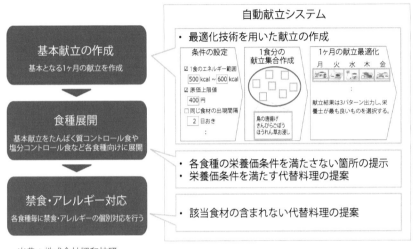

出典：株式会社調和技研

図表5.4.5　一食分の献立作成の制約条件

No	分類	条件名	条件内容
1	原価	原価の上限	1食の原価が上限値を超えない
2	食材	食材の重複回避	1食の中で同じ食材を使用しない
3	味付け	味付けの重複回避	1食の中で主菜と副菜と小付けの味付けが同じにならない
4	調理方法	調理方法の重複回避	1食の中で主菜と副菜の調理方法が同じにならない
5	色どり	色どりの確保	1食の中に色どりの赤・青・黄が全て含まれるようにする
6	和洋中	和洋中固定(朝食)	朝食の和洋中を固定する
7		和洋中固定(昼食)	昼食の和洋中を固定する
8		和洋中固定(夕食)	夕食の和洋中を固定する
8	栄養価	栄養価(エネルギー)	1食分のエネルギー値が許容範囲内である
9		栄養価(タンパク質)	1食分のタンパク質値が許容範囲内である
10		栄養価(脂質)	1食分の脂質の値が許容範囲内である
11		栄養価(食塩相当量)	1食分の食塩相当量の値が許容範囲内である

出典：株式会社調和技研

AI導入で生産性向上へ

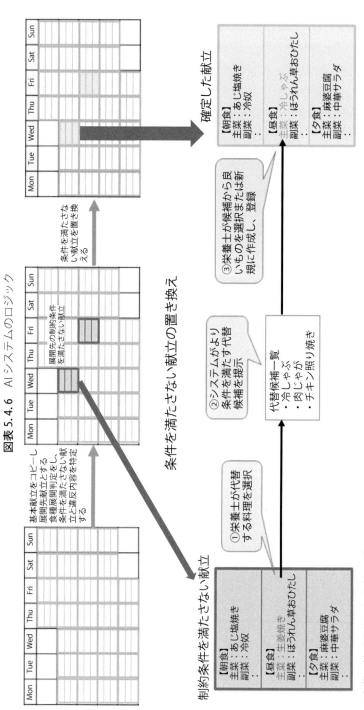

図表 5.4.6 AIシステムのロジック

基本献立をコピーし、展開先の制約条件を、食種展開判定をし、条件を満たさない献立と違反内容を特定する

展開先の制約条件を満たさない献立

条件を満たさない献立を置き換える

条件を満たさない献立の置き換え

制約条件を満たさない献立

【朝食】
主菜：あじ塩焼き
副菜：冷奴
…

【昼食】
主菜：生姜焼き
副菜：ほうれん草おひたし
…

【夕食】
主菜：麻婆豆腐
副菜：中華サラダ
…

①栄養士が代替する料理を選択

②システムがより条件を満たす代替候補を提示

代替候補一覧
：冷しゃぶ
：肉じゃが
・チキン照り焼き

③栄養士が候補から良いものを選択または新規に作成し、登録

確定した献立

【朝食】
主菜：あじ塩焼き
副菜：冷奴
…

【昼食】
主菜：冷しゃぶ
副菜：ほうれん草おひたし
…

【夕食】
主菜：麻婆豆腐
副菜：中華サラダ
…

出典：株式会社フレアサービス

6

食品製造ビジネスの生産で活躍するAI先進事例

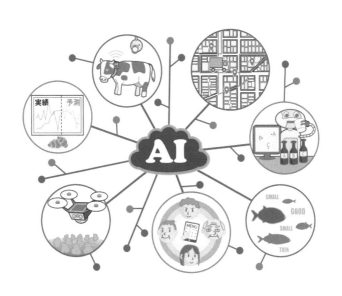

6.1 気象 AI 商品需要予測による食品ロスの削減

　食品の中でも季節商品がいつごろから売れ始めて、いつごろ需要が終わるのか、またその期間に需要がどのように変化をするのか、的確に予測しないとシーズンの終盤になって商品が足りなくなったり、余りすぎたりします。このようなリスクを回避するためにも、AI を活用した商品需要予測のニーズは食品製造業で確実に増えています。すなわち、過去の売上や顧客の属性、天候や立地など膨大なデータを分析して、精度の高い需要予測が可能になります。

【日本気象協会の気象予測を活用した商品需要予測】

　一般財団法人日本気象協会は 2014 年から、「需要予測の精度向上による食品ロス削減プロジェクト」に取り組んできました。商品の売上データ×気象データで解析を行い、気象との関係がある商品を洗い出します。その商品に対して、販売実績、気象観測値、歴などのビッグデータを用い、AI の最新技術を使い解析することで、商品需要予測式を算出します。予測段階では、気象予測値を需要予測式に入力し、商品需要予測値を算出します。その結果を表やグラフにしてわかりやすく説明します（**図表 6.1.1**）。

　本システムは、食品製造業における生産計画や在庫計画の判断をより合理的に行うことを可能にします。また顧客に、需要予測情報の理解及び利活用を促進するために、気象感応度調査、要因分析・市場理解、アンサンブル予測、気象予測シミュレーション等のサービスを提供しています（**図表 6.1.2**）。

【Mizkan の導入事例】

　株式会社 Mizkan は、季節商品である冷やし中華のつゆと鍋つゆの需要予測を活用しています（**図表 6.1.3**）。食品ロスを減らすことを目的に、需要予測担当者の経験に頼ることなく、予測と結果を数値化して蓄積し、社内で共有するために需要予測を"見える化"しました。

　例えば、鍋つゆを例にとると、「今年は暖冬傾向にあり、5% く

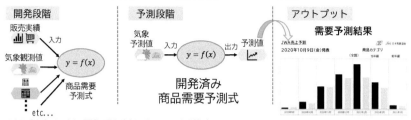

※カテゴリデータであれば開発不要！（「お天気マーケット予報」）

- 季節・エリアによって異なる気象の影響度を定量的に算出
- 客観的な需要予測⇒サプライチェーン内での説得力向上

出典：一般財団法人日本気象協会

図表 6.1.2　需要予測情報の利活用支援・解析サービス

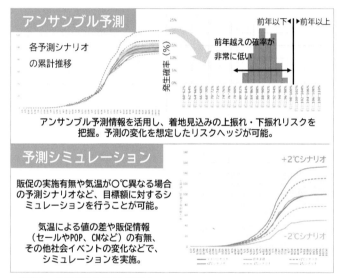

出典：一般財団法人日本気象協会

図表 6.1.3　需要予測対象製品

らい売上が下がるだろうという需要予測が出た」という結果に対して、気象データという根拠があることで、生産量を 5% 下げることに対して工場や営業の理解が進みやすくなりました。

出典：株式会社 Mizkan

AI 導入で生産性向上へ

6.2 生産管理 AI システムで 業務時間を 1/10 に短縮

　近年、食品メーカーでは、需要変動に対応して商品を生産・供給することが求められる一方、生産年齢人口の減少に伴う熟練者の不足などを背景に、先進のデジタル技術を活用した、高効率な生産体制構築への重要性が高まっています。

　株式会社ニチレイフーズは、冷凍食品・レトルト食品・缶詰等を製造・販売しています。同社の食品工場の生産計画や要員計画は、経験を有する熟練者が各工場別・ライン別・生産品目別に、ノウハウや経験則に基づく勘、設備や納期・コスト、作業者のスキルを考慮した配置（勤務シフト）などの複雑な制約条件、過去の膨大な計画履歴などを基に長時間かけて日々立案してきました。しかしながら、人手作業で継続するには限界があり、熟練者の経験則に基づく勘と知識をシステムに反映する DX 化が課題となっていました。

【ニチレイフーズと日立製作所の協創】

　こうした中、同社は株式会社日立製作所との協創により、知見・ノウハウを融合し、生産計画および要員計画の最適化に向けた開発を 2018 年から開始しました。まず両社は、計画立案に関する一連の業務を見える化し、それらに現場の各種データをかけ合わせ、熟練者のノウハウを日立の Lumada ソリューションへ組み込みました。

　本システムでは、機械学習と数理最適化技術（与えられた制約条件の下で目的関数を最大化、または最小化して問題を解決に導く計算技術）を組み合わせた AI 技術を用いて、熟練者独自の計画パターンを数値化・重みづけし、それらを抽出・組み合わせて解析します。効果を検証した結果、1 工場で最大 16 兆通りの組み合わせがある中から、日別のラインごとの生産商品・生産量などの生産計画、作業者のシフトスケジュールなどの要員計画の最適解を、従来の 1/10 程度の時間に短縮して自動立案することが可能となりました。加えて、熟練者以外の従業員がよりフレキシブルな生産計画・

要員配置を作成できるようになり、労働時間の低減や休暇取得の向上などのメリットもありました（**図表 6.2.1**）。

【AI システムの国内外への水平展開】

　この内容で生産・要員配置を行った際の結果や課題を学習させることにより、これまで困難だった計画作成熟練者の効率性と品質を両立した生産・要員計画立案を再現できるシステムを 6 拠点の食品工場に導入しています。ニチレイフーズでは、今後、本システムを、国内および海外工場へ順次展開・拡大する計画です。また、本システムをはじめとしたデジタル技術の活用を通じて、生産性向上や生産リードタイム短縮、在庫圧縮への取り組みと働き方改革をさらに推進していく予定です。

図表 6.2.1　AI を活用した最適生産・要員計画自動立案システム

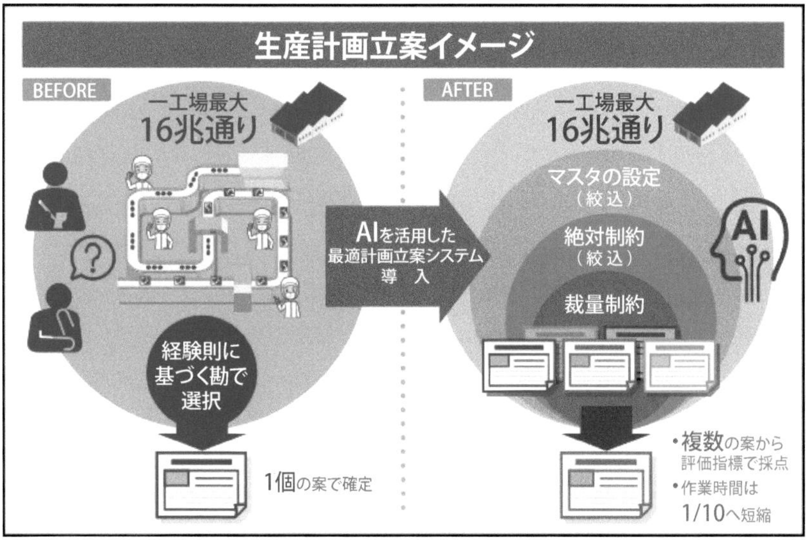

出典：株式会社ニチレイフーズ＿プレスリリース

AI 導入で生産性向上へ

6.3 AI 画像検査で目視検査を超える判別精度を実現

　食品業界における外観検査とは、「製品の品質を維持するために外観をチェックする業務」のことを指します。主にチェックしていくのは、製品の汚れや異物混入の有無、傷、欠け、変形、整形不良といった点です。多くの食品工場では、これらのチェックを人による目視で行っています。しかし、深刻な人手不足により、効率的に外観検査を行うことが課題となっています。

　その効率的な外観検査を実現するための手段として注目されているのが AI を活用した画像検査です。食品工場の以下の工程において導入されています（**図表 6.3.1**）。

- ・原料受入工程：原料由来の異物混入は、クレームになる
- ・製造工程：食品製造工程での汚れ・割れ・整形不良・焼き過ぎの早期発見は、食品ロスの防止にもなる
- ・包装工程：シール工程で食品の噛み込みが発生すると、空気混入によりカビ等が発生する可能性がある
- ・箱詰工程：パッケージの外観検査による不良の発見ができる

　これらの工程で AI を活用することで、過去の検査データを蓄積・学習していくことができ、高精度な外観検査の自動化が実現できます。以下に、AI による画像検査の手法を説明します（**図表 6.3.2**）。

- ・画像分類：画像 1 枚に対し、良品と複数種類の不良品に分類
- ・物体検知：画像中から物体を検知し、それぞれに画像分類
- ・領域検知：画像中の領域を画素単位で検知し、異物を発見
- ・良品学習：不良品サンプルが少ない時、良品画像のみで判別

　また、AI による画像検査は、目視検査やルールベースで判断する検査装置とは違い、ルールが定義できないような曖昧な基準の分類や不良品のパターンが多い場合にも対応できます。すなわち、入力されたデータに含まれる特徴を、AI が自ら学習して良否判定をできるようになるため、明確に正常品・異常品を定義する必要があ

図表 6.3.1　食品工場における AI 画像検査

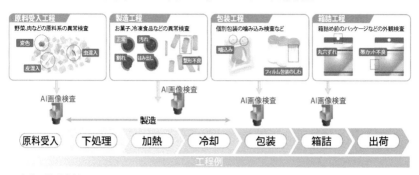

出典：株式会社 YE DIGITAL

図表 6.3.2　AI 画像検査の手法

【画像分類】

画像 1 枚に対して分類する。
例：製品の良品と各種不良品の判別など

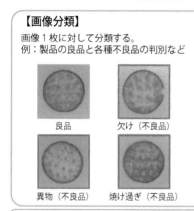

【物体検知】

画像中から物体検知し、検知領域を分類する。
例：画像上に複数の製品が含まれる場合の
　　良品と各種不良品の判別など

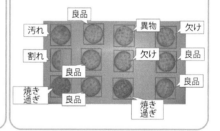

【領域検知（セグメンテーション）】

画像中の領域を画素単位に検知する。
検知した対象の面積や形状がわかる。
例：食品原料などにおける異物検知

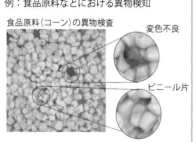

【良品学習】

学習した画像と乖離がある画像を判別する。
例：食品品画像のみを学習させ不良品を判別

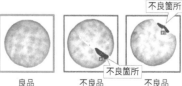

【デメリット】
・不良品も学習するAIと比較して判別精度は低い。
・不良パターンの分類は不可。

出典：株式会社 YE DIGITAL

AI 導入で生産性向上へ

りません。事前に読み込ませた画像データより自動で AI が判断します。

【機械学習により応用度の高い判別モデルを自動生成】

　北九州市に拠点を置く株式会社 YE DIGITAL は、独自の AI 技術を駆使し、AI 画像判定サービス「MMEye」を食品製造業に提供しています（**図表 6.3.3**）。以下の特徴を有しています。

・ネットワークと繋がったエッジ端末を利用することで、現場でリアルタイムに画像判定ができる
・人の目に頼らず、AI 技術（ディープラーニング）と独自の前処理技術を用いて、食品のような個体差のある製品なども精度よく自動判定できる
・AIの専門知識がなくても、GUI（グラフィカルな表示システム）から簡単に最適化の実行が可能である
・ロボットや排出機構装置との連携も得意である

　ここでは、AI 画像判定サービス「MMEye」を用いた、チョコレート入りビスケットの検査事例を紹介します。今までは、同製品の品質検査においては、良品でも個体差があり不良品も種類が多いため、画像判別のためのパラメータ設定が非常に難しく、画像検査システムの導入が難しいと考えられていました。

　それを、MMEye による特徴点を際立たせる独自の画像前処理と大量の画像データを収集しなくても済むような判別モデルの生成により、人間の目視検査以上の判別精度を実現しました（**図表 6.3.4**）。併せて、対象物が正確に検知できるように単層化させる装置や、不良品をエアノズルで狙い撃ちする排除装置など、ハード面でも工夫をすることで不良品の選別精度を向上させています（**図表 6.3.5**）。

　すなわち、AI 画像判定では、パラメータ設定ではなく、機械学習により応用度の高い判別モデルを自動生成することが可能となり、人による検査のように個体差が大きな対象物の判別を精度よく行うことが可能となります。また、安定した品質で長時間検査を行うこともできます。

図表 6.3.3 「MMEye」AI 画像検査のシステム構成

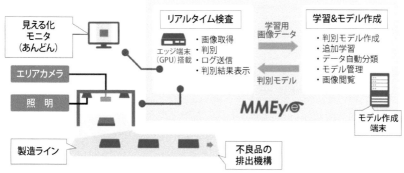

出典：株式会社 YE DIGITAL

図表 6.3.4 ビスケットの良品と各種不良品を画像判別

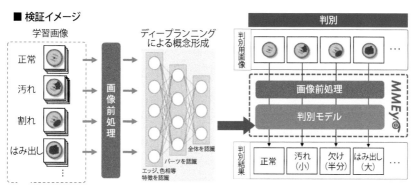

出典：株式会社 YE DIGITAL

図表 6.3.5 対象物の検知と不良品の排除装置

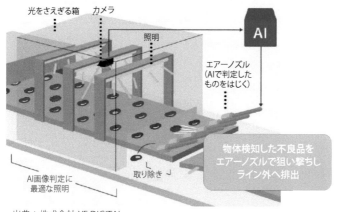

出典：株式会社 YE DIGITAL

AI 導入で生産性向上へ

6.4 AI 協働ロボットにより　ティーチングレスを実現

　食品工場では、他業種に比べ人手がかかります。特に弁当や総菜を作る工場では、ベルトコンベアに多くの人が並び作業をしています。ところが、最近はますます人手不足が深刻化しています。そこで、人と一緒の空間で稼働できる協働ロボットが製造現場で活躍を始めています。AI の進化に伴って協働ロボットの用途が広がっており、従来は人の手でしかできなかった作業を協働ロボットに置き換えることで、食品工場の自動化による生産性向上が実現できます。

　協働ロボットは、安全センサーなどを組み込むことで人に対する安全性が確保されており、人と同じ空間で協働して作業ができるロボットです。安全柵や広いスペースを必要とせず、限られたスペースでも導入できるというメリットがあります。しかし、今までのロボットは、動作を教えるティーチング（ロボットを動かす際に、あらかじめロボットにどのような動作をさせるのか記録すること）が必要になり、ティーチング技術者を育成して熟練させるには手間とコストがかかっていました。

【AI 搭載ロボットは動作を自分で学習】

　そこで、AI を搭載した協働ロボットが導入されています。同ロボットは自己学習機能を有しており、動作を分析して最適な動きをするためのティーチングをロボット自身で行うことが可能です。ティーチング技術者の教育コストや現場での操作工数も減るので、操作担当者の教育コストも減らすことができます。

　株式会社アールティの開発した Foodly は、弁当のおかずを画像認識でピックアップして盛りつける人型協働ロボットです。ロボットは小柄な成人ぐらいのサイズで、弁当工場のベルトコンベアのラインにおいて人と隣り合わせて作業することを想定しています（**図表 6.4.1**）。

　Foodly の最大の特徴は、ディープラーニングにより食材とその位置を識別できる事です。食材が無造作に積まれた「ばら積み」と

図表 6.4.1　協働ロボット Foodly

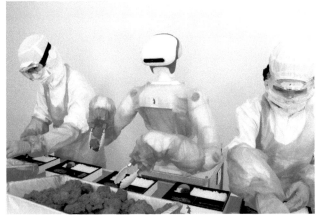

出典：株式会社アールティ

呼ばれる状態から、一つ一つを認識して弁当に盛りつけます。アールティでは、TensorFlow を採用してディープラーニングにより、従来の産業用ロボットでは困難だったばら積みされた唐揚げの認識に成功しました。

TensorFlow：機械学習の経験にかかわらず、誰でも簡単にモデルを構築してデプロイできる、エンドツーエンドのプラットフォーム

　食材の中でも、特に唐揚げは見分けるのが非常に難しいと、画像認識の世界では言われていました。同じ形状のものが二つとないためです。さらに、ばら積みとなると、画像の中で 1 つの唐揚げがどこからどこまでか、その境を見分けるのも困難です。この問題に取り組んだのが Foodly の認識ソフトウェアです。

　唐揚げ位置を認識するためには、画像の一部を区切って、その輪郭が唐揚げかどうかを認識する形をとりました。また、学習のためには、唐揚げの正解画像で 400 ～ 500 枚、不正解画像を入れて 700 枚以上のサンプルを用意しました。

　こうして Foodly は、ばら積みになった中から 1 つ 1 つの唐揚げを検出できるようになりました。さらに、奥行きもわかる深度カメラにより、凹凸も特徴としてディープラーニングに取り入れることで、より認識精度が向上しました（**図表 6.4.2**）。

AI 導入で生産性向上へ

図表 6.4.2　唐揚げの認識

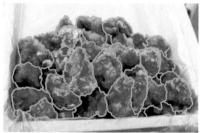

出典：株式会社アールティ

　また、Foodly は、弁当工場の盛付ラインの 60 〜 90cm という狭い空間に、専門家による複雑な据え付けや調整などなしに、移動設置してすぐ使えるようになっています。これは、人間にぶつかっても危険がないといったハードウェアの工夫とともに、照明などの周辺環境が事前に定められたものでなくても認識するという、ソフトウェアの課題解決にもよります。

　そのほか、弁当工場ではラインを流れるメニューが 1 時間に 2 〜 3 回ほど変わります。さらに、弁当箱の違いや、流れる速度の違いなどの不確定要因があります。これらは従来の産業用ロボットでは対応が難しかったことですが、Foodly はこれを可能にするための仕組みが盛り込まれています。

【協働ロボット Foodly の学習手順】

　ここでは、TensorFlow 利用の模式図で AI システムを説明します（図表 6.4.3）。最初に教師データを作成するフェーズがあります。Foodly の頭部にある深度カメラで色＋深度画像（RGB-D 画像）を撮影し、それを PC に取り込み、自動化されたアノテーション（教師データを作る作業）により、どこに唐揚げがあるかを指定します。続く学習フェーズでは、公開されている既存の学習済みモデルを基に、TensorFlow で転移学習することで、食材検出用モデルを作成します。これにより、以前は数百枚必要だった画像が数十枚で済むようになりました。

　できあがったモデルをロボットに移して、唐揚げを検出します。

推論は、GPU を搭載したエッジ AI ボードで実行します。ほかの食材としては、トマトについても同様に検出して弁当箱に入れることができます。トマトのように柔らかい食材を掴む場合は、潰さないよう力を加減、すなわち握力を制御する機能を搭載しています。

またアールティの事業には、Foodly の自社ロボット開発の他に、受託開発や創業時からの教育事業があります。教育事業では、学習や研究開発に最適なオリジナルロボットを用意し、基礎となる計測、制御、人工知能のみならず、メカ、電装系の学習・開発に役立つ製品や情報を提供しています。アールティは、AI とロボットテクノロジーを駆使して未来を作る事業に挑戦しています。

図表 6.4.3　TensorFlow 利用の AI システム

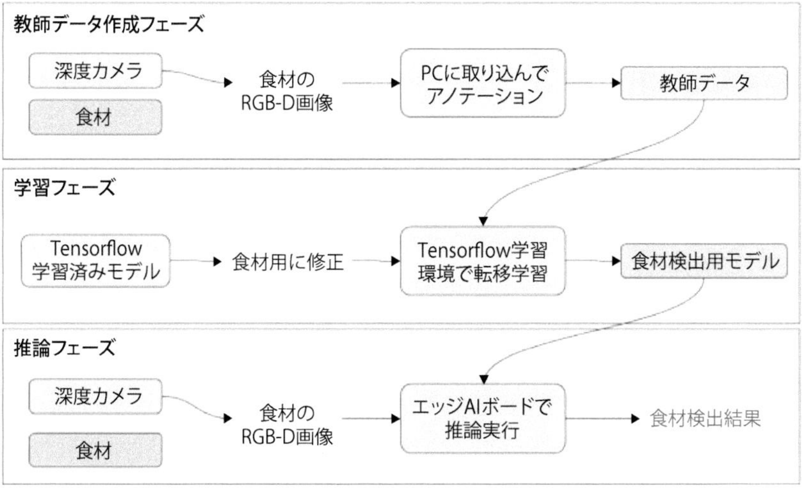

出典：株式会社アールティ

AI 導入で生産性向上へ

6.5 AI による設備故障予知で製品ロス発生の撲滅

予知保全とは、設備の状態を監視して、故障や不具合の兆候を検出しメンテナンスを実施することです。IoT センサーなどを設備に取り付け、温度・圧力・振動・モータ電圧・モータトルク・制御装置などのデータを監視し、計測データを AI に機械学習させることで、AI が判定ルールを作成し、設備異常を検知することができます。また、今まで気づけなかった故障の兆候を検出することが可能になります。

株式会社 YE DIGITAL は、独自の AI 技術を駆使し、製品・製造の最適化・効率化を強力に支援しています。サービスの1つとして、製造業向けの予知保全があります。AI による故障予知分析の方法としては、装置振動やモータトルク等に対し周波数分析等のデータ前処理を行い、センサー間の相関を機械学習し、正常状態をモデル化します（**図表 6.5.1**）。

正常モデルと最新の稼働データとの乖離度から、故障予兆を検知します。それを担当者にメールで予知結果を通知します（**図表 6.5.2**）。その情報には、予兆に関するセンサーの寄与度情報を表示し、故障箇所の推定をサポートします。また、故障予知結果に対し、技術者が見て、故障の予兆ではなく、正常動作の範囲内のものを追加学習させることができます。

【産業用冷凍機の故障予知システム事例】

食品工場にとって、冷凍機が故障した場合、冷凍庫内の保管品の品質が損なわれるなど、大きな損失が発生します。同社は、この冷凍機の予知保全システムを開発・導入しています（**図表 6.5.3**）。

食品工場の導入効果としては、以下の3点が挙げられます。

- ・必要な部品のみ交換することで、保守コスト削減
- ・故障予兆をいち早く捉えることで、製造計画に合わせた保守の実行で、システムダウンによる製品ロス発生を抑制
- ・設備異常に起因する箇所を推定でき、効果的に対策を実施

94

図表 6.5.1 AIによる故障予知分析の方法

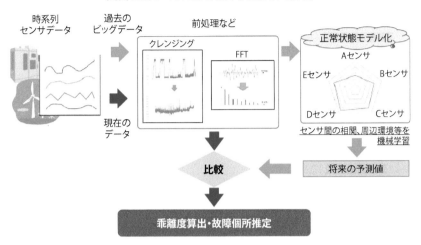

出典：株式会社 YE DIGITAL

95

図表 6.5.2 故障予兆の検知

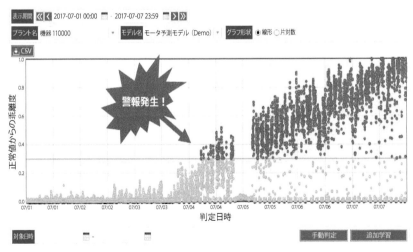

出典：株式会社 YE DIGITAL

AI 導入で生産性向上へ

図表 6.5.3 産業用冷凍機故障予知の導入事例

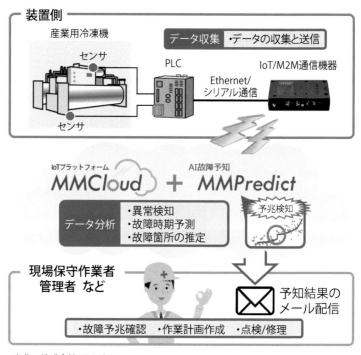

出典：株式会社 YE DIGITAL

7

食品流通・店舗ビジネスで
活躍するAI先進事例

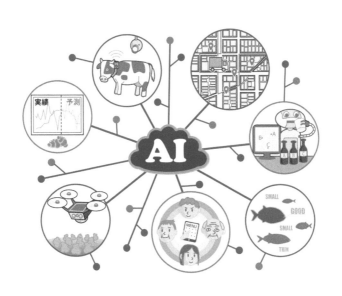

7.1 食品小売における棚割り AI で個店サービス向上の実現

　棚割りの目的は商品の陳列を最適化することで、来店客が欲しいものを買いやすくすることです。そのために来店客の導線を考えたり、目に入りやすい高さに商品を並べたりします（**図表7.1.1**）。

　チェーン展開のスーパーやドラッグストアなどで導入されている棚割りの作成は、店舗ごとにすべて同一の棚割りが適用できず、思ったより複雑です。それは、店舗により販売スペースの大小があったり、立地条件により客層が違うことで、売れ筋に相違があるからです。このことから、個々の店舗ごとに最適な棚割りを決める棚割りシステムが求められています。

【棚割り AI システムが作業時間を 65% 削減】

　アサヒグループホールディングス株式会社は、「PKSHA Retail Intelligence」を導入し、グループ会社のアサヒ飲料株式会社にて個店の売場に合わせた棚割り生成工程を、AI を活用して自動化する取り組みをしています。棚割りシステム導入前は、来店客の購買行動や取り扱い商品に対する専門的な知識、暗黙知的な棚割り作成の経験が求められる属人的な業務となっていました。またすべての工程を手作業で行うため、年間で約 2,400 時間（2020 年度）と膨大な時間をかけていました。そこで棚割り業務に費やす時間を約 65% 削減する目的で、本システムを導入しました（**図表7.1.2**）。

　棚割り生成工程は、例えば 100 店舗を運営する流通企業であれば、個店の売場面積に合った棚割りを 100 通り生成する必要があります。棚割り業務の中で最も時間を要する工程でしたが、本システムを導入することで、100 通りの棚割りを数理最適化 AI によって自動的に生成することが可能となりました。

　その結果、モデル棚割りの拡縮ではなく、店舗グループや個店ごとの棚割りを一括作成することができるようになりました。現在の棚割り情報や商品ランク、飲料のカテゴリ比率など「人の意思を込めた情報」を入力することで、自動的に棚割りが作成されるのです。

【AI の生成する棚割りシステムで 85% の店舗が売上 UP】

　この棚割り情報を活用して、アサヒ飲料の営業担当は、個々の店舗の売上向上に向けた支援を実施しています。春夏と秋冬で年間 2 回棚割りを作成しますが、期の途中でも新たな棚割りをテストして、効果を確認する活動もしています。テストした店舗やチェーンの約 85% で改善効果を確認することが出来ました。また、現状の売上分析や品揃え決定工程についても、AI 技術を活用し、棚割り業務の高度化と効率化に向けて検討を開始しています。

図表 7.1.1　棚割りイメージ

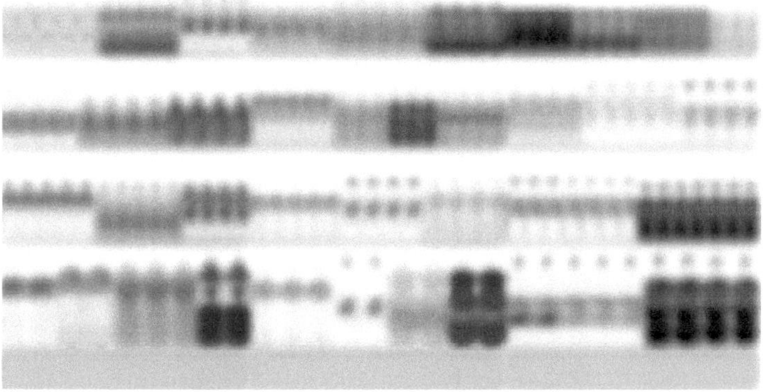

出典：アサヒ飲料株式会社

図表 7.1.2　棚割り最適化 AI による業務支援

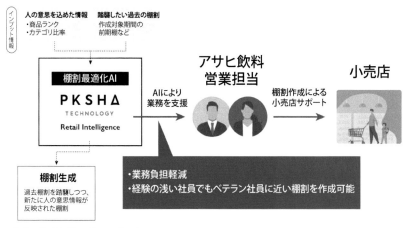

出典：株式会社 PKSHA Technology

AI 導入で生産性向上へ

7.2 食品小売のダイナミックプライシング AI で収益向上

　食品小売業では、売れ残り防止の目的で消費期限が切れる前に、商品の価格を需要と供給の状況に合わせて変動させるダイナミックプライシング（Dynamic Pricing）という価格戦略をとっています。商品価格を値引きして売れ残りを防止する手段です。

　全国約 14,600 店舗のコンビニエンスストアを展開する株式会社ローソンでは、食品ロスの削減に向けて、天候や販売実績などの各店舗データをもとにした商品別の需要予測を行い、それに基づく商品発注推奨と値引き推奨の実施を次世代発注システム「AI.CO」(AI Customized Order/AI Consultant) として開発しました。

【AI.CO 導入に向けての実証実験】

　2022 年 6 月から都内の 162 店舗で「AI.CO」を使って、最適な発注数および最適な値引き額を推奨するダイナミックプライシングの実証実験を実施しました（**図表 7.2.1**）。消費・賞味期限が短い商品を対象に、昼と夕方に 1 回ずつ、夜は 2 回、AI が値引き推奨のアラートを出します。パソコン画面を確認すると、どの商品を何円値引きすべきかが表示され、ボタンを押すだけで値引きシールが印刷される仕組みです（**図表 7.2.2**）。実証実験では、対象商品群の廃棄額を減らし、粗利を増やす目標をおおむね達成しました。

　値引きそのものは従来から個店の判断で行われていましたが、勘や経験に頼った適切でない値引きをしたり、値引きの実施者が店長やベテランスタッフに集中してしまい負荷が増えるなどの問題を抱えていました。24 時間営業のコンビニは、一般の食品スーパーと違って、閉店間際のまとまった値引きができないので、値引きをし過ぎて売り切れになってしまったり、値引きをしなくても売れる商品を値引きしてしまうなどの問題点を抱えていました。

　そこでローソンでは、保有している商品情報や POS の販売実績などを基に、AI 値引きシステムを開発することで、勘や経験に頼らない個店に合った最適な値引き額を自動的に表示したシール印刷

をすることが可能になりました。その値引きシールを店舗スタッフが商品に貼っていきます。AIによる値引きの仕組みとしては、店舗の在庫、販売予測、納品予定内容、値引きに伴う売れ方の変化実績、天候等も踏まえ、AIが値引き対象商品と値引き額をクラウドから各店舗に送付します。

【AI.COで食品ロス削減】

　ローソンでは、食品ロスを2030年までに2018年度対比で50%削減、2050年までに100%削減することを目指しています。AI値引きは、食品ロスを減らしながら利益向上につながります。そのため、2024年3月を目途に、全国の店舗へ「AI.CO」の導入を順次開始していく予定です。

図表7.2.1　次世代発注システム「AI.CO」の特長

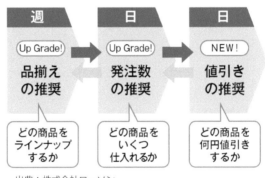

出典：株式会社ローソン

図表7.2.2　ダイナミックプライシングの仕組み

出典：株式会社ローソン

AI導入で生産性向上へ

7.3 配車／配送ルート最適化 AIシステムで稼動車両削減

食品物流業界においての大きな課題は、トラックドライバーの不足と高齢化及び過酷な労働環境です。長時間労働の要因の一つが、荷待ち時間や積載効率だと言われています。これを解決する一つの方策が配車／配送ルートの最適化におけるAI技術です。

配車／配送ルートの最適化とは、どの車両がどの配送先に、どのような配送順で、どの経路で配送するべきかを計算し、配送ルートを作成していく技術のことを指します。配送先が複数存在する場合、配送する順番や経路などによって、配送時間が変化します。これまではベテラン配車係が配車計画とルート作成を手作業で行なっていましたが、最近ではAI技術により、複雑な現場制約条件を取り込み、複数のルート計算ができるシステムが現れています。

名古屋大学発のスタートアップ企業である株式会社オプティマインドは、自動配車／配送ルート最適化クラウドシステムの「Loogia（ルージア）」を開発しました。組合せ最適化、統計処理などの技術を用いて、配車最適化サービスを展開しています。

Loogiaは、配車計画の作成、当日の配送支援、動態管理の3機能を1つのアプリケーションで実現しています（**図表7.3.1**）。
- ・配車計画の作成では、ドライバー・車両・デポ地などの固定データを入力します。次に、配送先住所・荷量・滞在時間・時間指定・制約条件などの配送先情報を入力します。その結果、AIによる配車／配送ルート計画を複数算出します。
- ・配送支援では、配送リストや走行ルートをアプリで確認できます。
- ・リアルタイムで配送状況がわかり、イレギュラーな事態にもすぐさま対応することができます。

以下にLoogiaの4つのポイントを示します。
- ・実際の走行車両から収集した走行速度のビッグデータを用いて経路探索を行うため、精度の高い計画を実現。

・最適化 AI システムで配送コース数の削減や、稼働時間の圧縮を実現。時間帯ごとの道路混雑や U ターンや右折の運転負担等も考慮し、最適なルートを提案。

・システム運用者やドライバーの使いやすさを追求した、直感的なデザインの操作画面を提供（**図表 7. 3. 2**）。

・完全な自動化ではなく、最終的には計画者が意思決定できるシステムによるアナログとデジタルの融合化の実現。

　食品業界の導入事例としては、Loogia を活用することで、稼動車両台数の削減や、配送距離が短縮され CO_2 が 14%削減したという事例があります。

図表 7. 3. 1　Loogia（ルージア）の利用の流れ

配車計画作成		配送支援	動態管理
固定データの ①初期設定	データを入力して ②自動配車	ルート順は ③アプリで確認	動態進捗を ④事業所で確認
ドライバー 車両 デポ etc.	車両割当 移動時間 到着時間 走行ルート etc.	配送リスト 完了ボタン 納品メモ 走行ルート etc.	動態管理 進捗管理 再計算 配送実績出力 etc.

出典：株式会社オプティマインド

図表 7. 3. 2　配車 / 配送ルート自動作成と運転者への指示

出典：株式会社オプティマインド

AI 導入で生産性向上へ

7.4 AI 自動献立アプリを 子育て家庭に提供

　最近は一般家庭の食生活にも AI が活用され始めています。健康を維持する上で重要な「献立・メニュー」を AI がサポートしています。毎日の献立を提案するスマートフォンアプリなども多くなってきているため、栄養バランスの管理面でも便利になっています。AI が学習できるのは献立・メニューの栄養バランスだけではなく、和食・洋食・中華などの選定や、季節や彩り、作りやすいなどのポイントや個人の好み等の感覚的な要素も学習していくため、より消費者の好みに合った献立を作成することができます。

　岡山市にある株式会社ミーニューは、「忙しい毎日、家族のために頑張るみなさんを少しでも手助けしたい」という想いから、2012 年に設立されました。同社は、me:new（ミーニュー）という AI 自動献立作成アプリを開発・提供しています。栄養バランスを考慮した、最長 1 週間の献立を自動作成します（**図表 7. 4. 1**）。また、献立から買い物リストを自動作成する機能も備わっていて、仕事で忙しい子育て家庭には便利なアプリです。その結果、2021 年 4 月に App Store 総合 1 位を獲得し、2023 年 7 月現在、総ダウンロードは 200 万件を超えています。

【利用者の好みを学習しながら深化する「こんだてアシスト」】

　ミーニューのサービス提供に際して、同社は独自で AI システムを開発しました。自動献立提案では、膨大な献立候補の中から、栄養素、食材数、旬、好みに合ったレシピ、和洋中の組合せ、いろどり等の要素から、AI がユーザー毎に提案するというものです（**図表 7. 4. 2**）。その仕組みは、Graph Neural Network（深層学習の 1 種）を活用して、ユーザーの使用履歴から好みを学習するというものです。

　また株式会社ミーニューは、対消費者だけではなく、生協宅配サービスと連携できるサービス「こんだてアシスト」を生活協同組合コープこうべと共同開発を行い、利用者の声を聴きながら改善を続けています。献立を立てるだけではなく、必要な食材の選定や生協宅配

サービスで商品を届けることで、家事の時短を実現しています。「こんだてアシスト」は、me:new アプリをベースとしている他、食材ができるだけ残らない様に考慮した献立を提案する機能を搭載しています。この機能は食品購入の無駄を抑えるだけでなく、食品ロス削減にもつながります。

図表 7.4.1　献立アプリ「ミーニュー」の画面

出典：株式会社ミーニュー

図表 7.4.2　AI による最適な献立提案

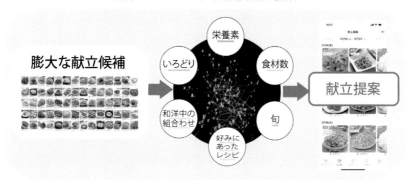

出典：株式会社ミーニュー

AI 導入で生産性向上へ

7.5 飲食店における顔認証 AI で ユーザーサービスの実現へ

　顔認証システムとは、カメラに写った顔の情報を事前に登録されたデータベースと顔の特徴量を抽出して照合する、生体認証技術です。2021 年 3 月に REPORTOCEAN が発行したレポートによると、世界の顔認識市場は、安全な認証技術の必要性の高まりにより、2030 年までに 206.3 億ドルに達すると予測されています。

　顔認証は指紋認証などの生体認証のひとつですが、カメラさえあれば活用できる利便性や利用者の心理的負担が少ないなどの特徴を持ちます。小売業や食品店舗に顔認証決済を活用すればレジ作業を削減でき、人手不足に対応できます。

【顔認証 AI で手ぶら注文〜決済まで】

　ウェンディーズ・ジャパン / ファーストキッチン株式会社は、日本コンピュータビジョン株式会社の AI 顔認証技術を用いて、スピーディーな顔認証決済の実現と、レジ利用分析の実証実験を実施しています。関東と関西の 13 店舗において、顧客の注文時間の改善のために、店舗に設置されているセルフオーダー端末に、顔認証用のタブレットデバイスを設置して運用しています。また、顔認証の手続きは、事前にスマートフォンで名前・顔写真・決済カード情報などを入力するだけで登録できるようになっています（**図表 7. 5. 1**）。

　セルフオーダー端末での注文時にカメラが起動し、顔情報を登録している利用客を認識するとともに、商品注文後には顔情報に紐付けられたクレジットカード、オリジナルプリペイドカードで顔認証決済が利用できるようになっています。また顔認証利用者には、「顔認証 VIP クーポン」が付与され、通常より安く商品が購入できるようになっています。

　今回の実証実験では、顔認証での顧客の識別と、顔認証を含めたユーザーインターフェイスの検証、顔認証決済の検証が主な内容となっており、他への活用は行ないません。日本コンピュータビジョンが提供するテクノロジーにて照合・認証し、結果情報をウェン

ディーズ・ジャパン / ファーストキッチン内の POS サーバーに送り、そこで決済情報を店舗に送ります。

　紫関社長は、13 店舗に顔認証システムを取り組んだ動機を、さらなる接客サービスの実現と述べています。7 年前までは POS システムでレジ係が顧客の属性（男女・年齢層）を想定入力していましたが、現在はセルフオーダーシステムに移行しており、顧客属性の把握が難しくなっていました。将来は、顔認証の仕組みを活用して、顧客の商品の好みやアレルギー情報をベースとしたメニュー提案を実施したり、利用状況に応じた特別クーポンの提供など、様々なサービスの提供につなげたいと考えています。

図表 7.5.1　セルフオーダー機器とスマホによる顔認証登録

出典：ウェンディーズ・ジャパン / ファーストキッチン株式会社

AI 導入で生産性向上へ

7.6 店舗・商店街における画像解析 AI で課題解決を実現

　店舗の経営において、AI による来客予測は、過去の販売実績、気象観測値や歴などのデータから得られた情報を駆使して来客数や需要を正確に予測する手法であり、在庫の適正化やスタッフの効率化などのメリットがもたらされます。さらに AI カメラで来店者の属性を把握するとともに、店内での属性ごとに興味を持った商品を把握することで品揃えなどの改善を加えることは、来客数増加に向けた重要ポイントになります。

　伊勢神宮内宮近くの老舗食堂「ゑびや大食堂」は、小田島社長によるデジタル技術の導入で大きく生まれ変わりました。「TOUCH POINT BI（経営支援ツール）」でデータ経営に移行し、全社員・アルバイトが、ホールやキッチンに設置したモニターで来店予測データを確認しながら業務にあたり、生産性と創造性を向上させています。その結果、年間売上高が 7 年で 5 倍に、客単価は 3 倍に、食材ロス 73％削減、残業 0 時間になりました。また、AI による来客予測的中率は 90％を超えています。

　小田島社長はこのシステムで獲得したノウハウの事業化の目的で、株式会社 EBILAB を独立させ、小売・サービス業向けに AI を活用した DX システムの開発・提供をしています。提供サービスとしては、来客予測・店舗分析・画像解析・データ分析基盤構築・画像解析を用いた街の可視化事業・バーチャル店舗構築支援などがあります。同社は、AI カメラなどの IoT 機器や気象情報データなどをアウトソースし、自社で機械学習などの仕組みやデータ分析手法を構築し、ユーザーに「TOUCH POINT BI」でわかりやすい表示を提供しています（**図表 7.6.1**）。

【EBILAB の DX 推進ビジネスモデル】

　ここでは、画像解析について説明します。まず店舗の入り口や店舗状況に適した AI カメラやセンサーを設置し、通行人数や来店人数、その特徴を可視化し、店舗のまわりの状況を適切に把握します

（**図表7.6.2**）。性別・年代といった来店者の属性や日付・曜日・時間帯ごとのカウント数など、IoTカメラ内でAIによりデータ処理され、EBILABに送信されます。それを自社のBIツールで再分析を行い、ユーザーに分析した画像で送信します（**図表7.6.3**）。これにより、通行量と来店者が可視化できます。また、来店している人々のパター

図表7.6.1 EBILABのDX推進ビジネスモデル

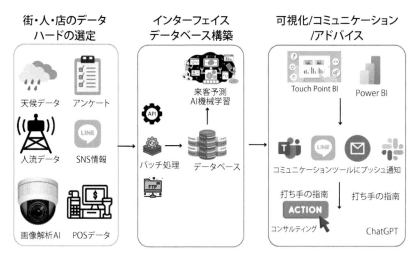

出典：株式会社EBILAB

図表7.6.2 AIカメラによる通行者・入店者の見える化

出典：株式会社EBILAB

AI導入で生産性向上へ

ンを分析して、購入には至らなかった顧客に対する商品企画や販促策の実施で入店率向上、店舗の売上向上が可能となります。

次に、画像解析を用いた街の可視化事業について説明します。同社は、2022年3月末に1週間、滋賀県長浜市において、AIカメラを用いた来街者調査を実施しました（**図表7.6.4**）。中心市街地エリア全体のマーケティングに役立てることを目的としたものです。観光エリア「黒壁スクエア」内の2箇所にAIカメラを設置し、来街者の属性やカウント数を計測・分析しました（**図表7.6.5**）。

この結果、長浜市の観光事業効果を定量的に把握したり、エリア全体のマーケティング戦略の立案、KPIの設定、PDCAサイクルの確立、投資効果の正確な判定などに役立てることができます。同社では今後も、データに基づき街全体を"見える化"し、街が抱える課題の早期発見・把握と、IoTによるソリューションの提供を通して、街や都市の課題解決と発展に寄与していくとしています。

図表7.6.3 TOUCH POINT BI による画像解析 AI

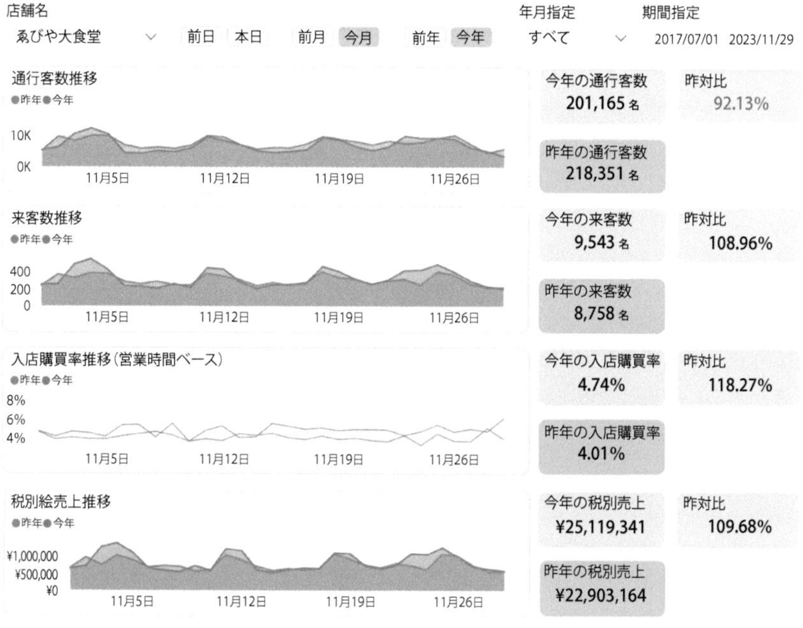

出典：株式会社 EBILAB

図表7.6.4 長浜市における来街者調査

出典：株式会社 EBILAB

図表7.6.5 長浜市における来街者調査データ（イメージ）

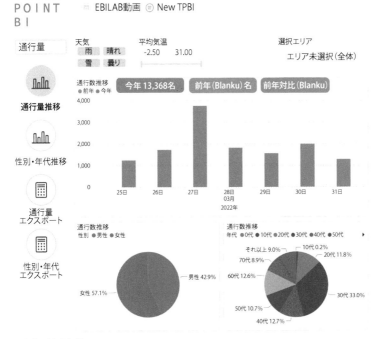

出典：株式会社 EBILAB

AI 導入で生産性向上へ

コーヒーブレイク②

AI 活用における 2 つの視点

　本書籍の取材を進めるにあたって、AI を活用する立場の食品企業と、AI を開発して支援していく AI 開発企業の立場の 2 つの視点から、AI 活用事例のインタビューをしていきました。両者を同時にインタビューしたのも 2 事例あります。

　その中で、AI を活用する立場の食品企業の課題やそれを支援していく AI 開発企業のかかわり方に、様々なタイプがあり、AI 導入を成功させるには、この両者のチームワークと共に、導入する食品企業の経営層や現場管理者の強い意志が存在しました。

　また、本書籍の事例企業の選定にあたり、AI の技術機密性の観点から、探すのにとても苦労したことも事実です。しかし本掲載企業は、AI のコア部分は別として、企業課題と AI の進め方について積極的にご協力いただけました。このような内容は、AI 活用を成功させるだけの優秀な企業事例として、これから AI の導入をされる読者の皆様にも大変参考になることと思われます。

8

フードビジネスが目指す
DX・AI活用の道筋

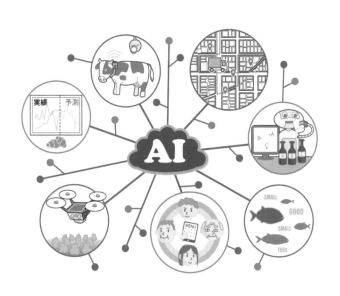

8.1 日本が目指す Society5.0 の世界

【DX・AI により社会はどう変わっていこうとしているのか】

　Society5.0 とは、狩猟社会（Society1.0）、農耕社会（Society2.0）、工業社会（Societ3.0）、情報社会（Society4.0）に続く、新たな社会を指すものです。「サイバー空間（仮想空間）とフィジカル空間（現実空間）を高度に融合させたシステムにより、経済発展と社会的課題の解決を両立する、人間中心の社会」と 2016 年に第 5 期科学技術基本計画において、日本が目指すべき未来社会の姿として初めて提唱されました。

　現在、DX として、AI や IoT などの革新的なデジタル技術が進展し、社会のあり方が大きく変わろうとしています。この DX 革新化の波は止まることなく、人類社会が次のステージへ向かうきっかけとなると考えられています。また、日本経済団体連合会では、Society 5.0 での人間中心の社会では、利便性や効率性の実現を主目的とするのではなく、デジタル技術・データを使いながら、人間が多様な想像力や創造力を発揮して、社会を共に創造していくことが重要であると述べています。

　Society5.0 で実現する社会は、IoT で全ての人とモノがつながり、様々な知識や情報が共有され、今までにない新たな価値を生み出すことで、これらの課題や困難を克服します。また AI によって、必要な情報が必要な時に提供されるようになり、ロボットや自動走行車などの技術で、少子高齢化、地方の過疎化、貧富の格差などの課題が克服されます。社会の変革を通じて、これまでの閉塞感を打破し、希望の持てる社会、一人一人が快適で活躍できる社会となります（**図表 8.1.1**）。

【DX・AI に私たちはどうかかわっていけばよいのか】

　しかし、Society5.0 を実現するには、受動的になるのではなく、一人一人が意志をもってその世界実現に向けて、その一端を主体的に担っていく必要があります。そのためには、新たな社会に適応で

きる「組織体制の変革」と「人材の育成」が必要です。

「組織体制の変革」では、組織とそこで働く人々が、新たな価値を生み出すために、組織の多様性や若返りを図る必要があります。また時代の変化に合わせて、会社通勤での働き方や日本型雇用慣行の変革が必要となってきます。

また Society5.0 では、定型業務の多くは AI やロボットに置き換わるので、自ら課題を見つけ、AI を活用して問題解決できる「人材の育成」が求められています。多様性を持った組織において、改善を推進するリーダーシップを発揮できる人が必要となります。詳しくは本章 8.3 項、8.4 項を参照して下さい。

図表 8.1.1　Society5.0 で実現する社会

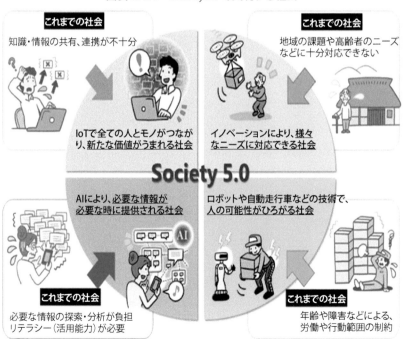

出典：内閣府

8.2 食品産業が目指す DX・AI による課題解決

　食品製造業の労働生産性を見ると、緩やかな上昇傾向にはあるものの、依然として製造業全体に比べて 66％と低い水準にとどまっています（**図表 8.2.1**）。農林水産業の労働生産性は、さらに低くなり、食品製造業に比べ約 3 割になっています。地域別にみた場合でも、畜産の比重が高く大規模農家が多い北海道が突出して高くなっていますが、全体でみると低い状況には変わりありません。

　全産業に対して食品産業の賃金が低い状況は、新規従事者が集まりにくい原因となっており、人口減少や高齢化が続く日本の現状を考えると、食品産業は労働力の減少面でますます厳しい状況になっています。このような状況において、作業工程の機械化が以前から言われてきましたが、小さく、やわらかく、形状が不安定な食品を取り扱うことや、高い衛生安全面が求められることから、機械の導入が難しい場合が多く、多くの人手に頼らざるを得ませんでした。これらを打破するために、食品産業にとり、AI を含めた DX の導入が課題解決となり、Society5.0 に向かう道筋となります。

【農業・畜産・水産分野における課題解決】

　食品産業を 3 つに分類し、最初に農業・畜産・水産分野における共通の課題を挙げてみます。大きな課題として、労働力不足と高齢化があります。年々一次産業の労働力人口が減ってきており、Society5.0 に向けて、この課題を解決する AI の活用が進められています。気象情報、農作物の生育情報、畜産の活動情報、水産の漁場選定情報などといった、様々な情報を含むビッグデータを AI で解析することにより、以下の DX 化が可能となります。

　　①ロボットトラクタなどによる農作業の自動化・省力化、ドローンなどによる生育情報の自動収集、天候予測による収穫時期の予測、ニーズに合わせた収穫量の設定などによる省力化・高生産な AI スマート農業の実現

　　②畜産における搾乳ロボット作業の自動化など、省力化のための

図表 8.2.1 製造業と食品製造業における労働生産性

百万円/人

製造業

食品製造業

平成25年 26 27 28 29 30
(2013) (2014) (2015) (2016) (2017) (2018)
(速報値)

資料：経済産業省「工業統計調査」を基に農林水産省作成
注：産業別統計表のうち、従業者4人以上の事業所に関する統計表

出典：経済産業省

自動機器の導入。生体情報取得による個体の AI イベント検知による体重、体型のセンシング、発情、分娩、疾病の早期発見

③水産における ICT・IoT・AI 等の情報通信技術やドローン・ロボットなどの技術を漁業・養殖業の現場へ導入・普及させることによる労働の効率化

【食品開発・製造分野における課題解決】

次に食品開発・製造分野における共通課題としても労働力不足が挙げられますが、分野により課題に特徴があります。まず食品開発の課題ですが、後工程の流通・消費者により好まれ、売上向上に繋がるデザインや味覚の開発です。食品製造においては、異物検出や設備故障対策による品質向上や、商品需要予測による適正な在庫管理が課題となります。

Society5.0 に向けて、これらの課題を解決する AI の活用が進められています。デザイン評価予測や商品需要予測、生産計画情報などといった様々な情報を含むビッグデータを AI で解析することにより、以下の DX 化が可能となります。

①食品開発分野におけるパッケージデザインの AI 評価・AI 生成による売上向上とデザイナーの省力化、醸造商品の試作結果予

AI 導入で生産性向上へ

測及びレシピ探索による開発期間短縮と開発者教育、給食メニューの AI 作成による省力化の実現

②食品製造分野における AI を活用した原料・完成品検査による品質向上、商品需要予測による在庫精度向上、AI による冷凍庫・冷蔵庫の故障予知による品質向上、AI による生産計画作成や、製造ラインにおける AI 盛付ロボット導入による生産性向上

【食品小売・物流・店舗分野における課題解決】

最後に食品小売・物流・店舗分野における共通課題としても同様に労働力不足が挙げられますが、分野により課題に特徴があります。まず食品小売ですが、食品ロス削減が課題です。食品物流においては、配送システムの効率化が課題です。食品店舗においては、来店者サービス向上や売上向上が課題となります。

Society5.0 に向けて、これらの課題を解決する AI の活用が進められています。商品需要予測や配送ルート分析、店舗における画像解析などといった、様々な情報を含むビッグデータを AI で解析することにより、以下の DX 化が可能となります。

①食品小売における AI を活用した棚割り生成工程による棚割り業務に費やす時間の削減、AI を活用したダイナミックプライシングによる個店ごとの最適な値引き額の算出

②食品物流における配車／配送ルートの AI 技術による配送距離の短縮、稼動車両削減

③食品店舗におけるセルフオーダー端末での顔認証決済による消費者サービス、店舗の入り口や店舗状況に適した AI カメラやセンサー設置における来店者の属性可視化や販促策の実施による入店率向上や売上向上

【スマートフードチェーンの取組み】

また、食品産業全体で Society5.0 を実現していくには、一次産業から開発・製造・小売・物流・店舗・消費までのフードチェーンにおいて、各段階のデータを連携させて効率化を図る事業、すなわち「スマートフードチェーン」の取組みも必要になってきます。

これは、ICT・IoT・AI 等の技術により、生産にかかわるデータと流通・販売にかかわるデータの相互連携を通じて、業務効率化や在庫の最適化などを通した、フードチェーン全体の付加価値向上につなげる取組みとなります（**図表 8.2.2**）。

図表 8.2.2　Society5.0 に向けたフードチェーンの取組み

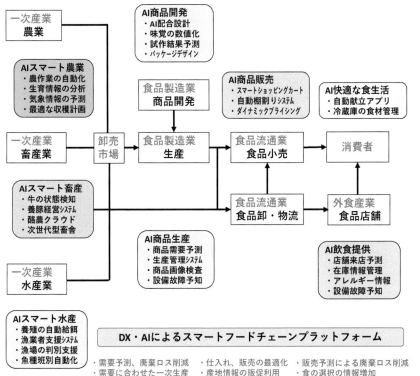

出典：著者

8.3 AI 活用人材育成プログラム で AI を使いこなす

　世界的に DX・AI が進む中、日本では AI を利活用できる人材が不足しており、世界に後れを取っています。政府も「AI 戦略 2019」の中で、すべての国民が「数理・データサイエンス・AI」を学び活躍するに当たり教育改革の重要性を強調していますが、AI 人材育成の基盤はまだまだ構築できていないのが現状です。その中で、大きな脚光を浴びているのが、関西学院大学が 2019 年からスタートした「AI 活用人材育成プログラム」です。

【求められる AI 活用人材と人材育成プログラム】
　①新技術を追求する研究者・開発者
　②実際の社会で使えるようシステム開発やデータ分析を手がける
　　AI スペシャリスト
　③ AI を活用したサービスや製品を企画し、提供する AI ユーザー
　AI 活用人材とは以上の 3 つに分けられ、社会に求められているのは主に②と③です（**図表 8. 3. 1**）。本プログラムは、文系・理系を問わず AI・データサイエンス関連の知識を持ち、それらを活用して現実のビジネス・社会課題を発見し解決する、新しい価値を創出する能力を有する人材を「AI 活用人材」と定義し、育成することを目的としています。つまり、AI に仕事を奪われるのではなく、AI を使いこなす人材を社会に輩出することを目指しています。

　同プログラムは初学者を念頭に置いてカリキュラムや授業を設計し、学生たちは段階的に学ぶことができるのが特徴です。本プログラムは、日本 IBM と共同で開発し、ビジネス現場で即戦力となれるよう、AI 活用企業の実務的な視点を取り入れています。

　関西学院大学は文系学生が 8 割を占め、文系でも AI を理解できる人材を育てる必要があるとの危機感から、AI における初級レベルを含むボリュームゾーンの教育を 2017 年から着手しました。2019 年度に対面授業で新規開講した「AI 活用入門」の履修者が 240 名となり、2021 年からは e-Learning を発展させたバーチャル

ラーニング（VL）版を開講したところ、2022年度で5,492名に増え、入学者の95%（内文系受講者86%）が受講する人気科目です。

【企業のリスキングの要望にも応える】

　一方、DXを推進しようとする企業にとって、その中核技術であるAIを活用できる人材の育成は喫緊の課題です。同大学では、2021年から企業・自治体・他大学にも、翌年から広く個人にも、「AI活用人材育成プログラムVL版」の提供を有償で開始しました。学外の販売数は、3,000名を超えるまでに成長しています。

　ここで、10科目からなる「AI活用人材育成プログラム」の科目

図表8.3.1　AI活用人材とは

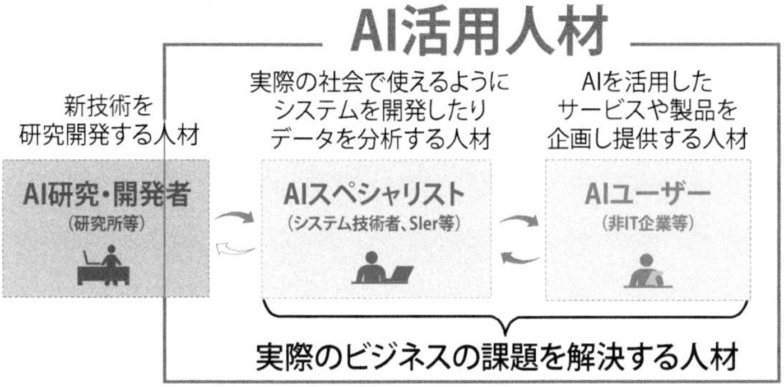

出典：関西学院大学

図表8.3.2　10科目のAI活用人材育成プログラム

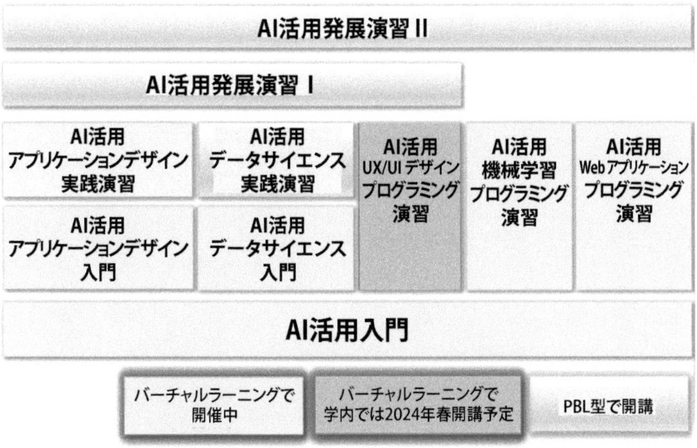

出典：関西学院大学

AI導入で生産性向上へ

構成を紹介します（**図表 8. 3. 2**）。AI を幅広く学び AI 活用リテラシーを習得する目的の「AI 活用入門」をベースに置き、次ステップである「AI 活用アプリケーションデザイン入門」と「AI 活用データサイエンス入門」、そして 2 つの「AI 活用プログラミング演習」の 5 つが VL で開講中です。また、その他の実践演習や発展演習などの課題解決型学習は、対面授業で学生個々人に応じたきめ細かい指導をしています。（**図表 8. 3. 3**）。

【学習効果を上げるバーチャルラーニング】

　同プログラムの開発プロジェクトを統括する、関西学院大学副学長でもある巳波教授は、「知識習得と基本的な演習を e-Learning 科目とすることで、多くの学生が受講できます。教員は対面の高度な演習や PBL（課題解決型学習）に注力できるようになり、効果の高い教育プログラムが実現できます」と述べています。

　2022 年度の「AI 活用入門」の合格率は 90％を超えています。初めて AI を学ぶ学生にとっても取組みやすい理由がバーチャルラーニングです。オンライン上でのワークやプログラミングを試行できるほか、単元ごとにランダムで出題されるテストが組まれています。さらに、学習上の質問には、AI による TA（ティーチングアシスタント）チャットボットの答えを参照できます（**図表 8. 3. 4**）。

　また、新たな取り組みとして、2022 年秋に一般社会人向けの新規科目「AI アプリを活用した課題解決型演習」を開講しました。企業や自治体における課題に対して、受講者がグループに分かれて協働しながら AI アプリを開発し、解決策を導き出すというものです。DX 推進の社会ニーズに応える同プログラムには、期待が集まっています。

図表 8. 3. 3　課題解決型学習

出典：関西学院大学

【高校生も交えて進む AI 教育】

　また関西学院大学は、「AI 活用 for SDGs」をテーマとして、高大連携を通したイノベーティブなグローバル人材育成の一環として、高校生向けのワークショップに関わっています。

このワークショップは、高校生各自に SDGs と AI について事前学習をしてきてもらい、当日は 17 のゴールの中から関心あるテーマごとに、5 人 1 チームを構成してディスカッションし、発表するというものです。2019 年 8 月に実施したワークショップでは、関西学院高等部をはじめ、連携する県内外の高校から高校生計 93 名が参加しました（**図表 8.3.5**）。

この活動に対して、AI 活用入門を受講した学生 30 人以上が呼びかけに応えて集まり、主体的にワークショップ全体の企画・開発・運営を行いました。各チームには大学生が 1 ～ 2 名加わり、チームをまとめ、SDGs の環境問題と絡めて「AI を用いたゴミの発見と分別」や、食糧問題と絡めて「植物工場における生産性向上のための AI を用いた制御」などのテーマが挙がりました。このように同プログラムは、SDGs のテーマに AI を活用し、高校生にも興味が湧くような工夫がされています。

図表 8.3.4 多様なデジタル教材のバーチャルラーニングのメニューイメージ

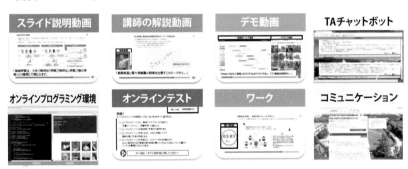

出典：関西学院大学

図表 8.3.5 「AI 活用 for SDGs」ワークショップの様子

出典：関西学院大学

AI 導入で生産性向上へ

8.4 食品産業への
DX・AI 教育の重要性

　食品業界においては、他産業に比べて人手不足の影響が大きく、対応が求められています。また食品は人が食べることもあり、確実な食品衛生・品質管理が求められています。それに対応するのが DX・AI の推進です。しかし食品産業は、他産業に比べて DX 化が遅れているとも言われています。8.2 項で述べるように、食品産業は Society5.0 を目指していくべきであり、その中で最も重要な DX・AI の教育事例を紹介します。

　ニチレイグループ全体を統括する持株会社である株式会社ニチレイは、各事業会社が加工食品事業、水産・畜産事業、低温物流事業、バイオサイエンス事業を担っています。同社は経営トップの号令と社内の需要の両面から、2021 年に情報戦略部内に DX 推進グループを設立しました。新たな価値の創出を目指すためデータ・テクノロジーを活用したビジネス変革活動を DX としており、DX 戦略として「従業員一人ひとりがごく当たり前にデータ・テクノロジーを使いこなし、地球と人々に新たな価値を提供し続けます」と位置付けています。具体的には、価値創造 DX、生産・物流 DX、サステナビリティ DX、人財 DX、経営基盤 DX の 5 つの DX を推進することで、DX 戦略のビジョンの実現を目指しています（**図表 8.4.1**）。

　そのために、2022 年 5 月から 23 年度中にグループ社員約 4,000名弱を対象として、デジタルリテラシーを習得することを目的として、3 ヵ月 10 時間の枠でデジタル人材育成研修をしています。

　研修を提供するのは、株式会社アイデミーであり、2014 年創業の AI を中心とする DX 人材育成企業です。2017 年に「AI プログラミング学習サービス Aidemy Free」をリリースし、サービス開始約6 年で登録ユーザー数 26 万人を突破した AI 学習オンラインサービス会社です。現在では法人向けにも、AI/DX プロジェクト内製化に向けた、教育研修からシステム開発・実運用までを支援しています。

　アイデミーは、デジタル人材育成プラットフォーム「Aidemy

124

Business」を擁しており、初学者からビジネス職、管理職に至るまで、
AI や DX、データサイエンスに関する知識や技術の習得を支援して

図表 8.4.1　DX戦略の全体像

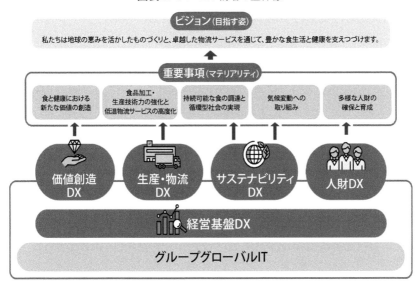

出典：株式会社ニチレイ

図表 8.4.2　Aidemy Business をベースとした AI 教育サンプル

出典：株式会社アイデミー

AI 導入で生産性向上へ

います（**図表 8.4.2**）。今回のニチレイのグループ社員向けの研修においては、DX・AIの基礎講座など5つのコースを提供しています。PC・タブレット・スマートフォンなど様々なツールで学習することができ、理解度を高めるための質問機能を活用してデジタル人材の育成を支援しています。

ニチレイグループは、2030年に向けたロードマップにより、グループ社員が本研修によるデジタルリテラシー習得後、さらに希望者に応用研修を実施し、修了者の中から約400名のデジタルリーダー創出を目指しています。デジタルリーダーを中心に、グループ全体のさらなるデータ・テクノロジー活用を促進するのがDX戦略の狙いです（**図表 8.4.3**）。技術の習得に意欲的なメンバーを発見し、プロジェクトチームへの登用の検討もしています。

また、アイデミーは食品産業のDX・AI発展のために、2023年4月にDXに先進的な取り組みをしているニチレイをゲストとして招き、食品業界のDX推進担当者と「食品業界のデジタル人材育成の事例をもとに自社のDXについて考える」の情報交換企画を実施しました。

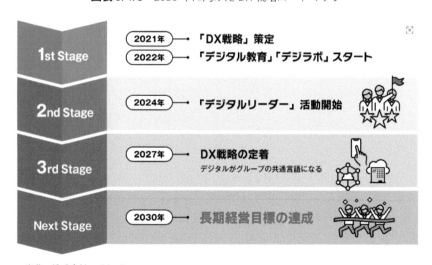

図表 8.4.3 2030年に向けたDX戦略ロードマップ

出典：株式会社ニチレイ

用 語 解 説

① ICT（Information and Communications Technology）

情報技術と通信技術を包括的に指す用語であり、これらの技術を活用して情報を収集、処理、伝送、共有する。情報技術（Information Technology）は、コンピューターシステム、ソフトウェア、データベース、ネットワーキング、セキュリティなど、情報を管理、処理、保存するための技術とツールを指す。通信技術（Communication Technology）は、データや情報を送受信し、共有するための技術とツールを指す。これには、電話、電子メール、ウェブ、モバイル通信、ソーシャルメディア、ネットワークインフラなどが含まれる。

② アジャイル・ガバナンス

政府、企業、コミュニティ等が、自らの関係する社会的状況を継続的に分析し、目指す目標を設定した上で、それを実現するためのシステムや法規制、市場、インフラ等の様々なガバナンスシステムを開発・構築し、その結果を対話に基づき継続的に評価し改善していくモデルである。AI におけるアジャイル開発は、柔軟性があり、変更に適応しやすいプロジェクト管理のアプローチであるが、適切なガバナンスが不足すると、プロジェクトの成功に影響を及ぼす可能性がある。　出典：経済産業省

③ アンサンブル予測（予報）

機械学習や統計学の分野で使用される予測手法である。複数の異なるモデルやアルゴリズムを組み合わせて予測を行うアプローチであり、個々のモデルが単独で提供する予測よりも、精度を向上させるために使用される。気象庁の天気予報では、初期値のわずかな誤差が時間とともに増幅するため、意図的な誤差をもつ何種類かの異なる初期値から計算を始めた予測結果を求め、その何種類かの結果の平均値を予想気圧配置として設定している。

④ API（Application Programming Interface）

プログラムやソフトウェアの一部として提供される、異なるソフトウェアコンポーネント間で通信と連携を実現するためのインターフェースである。API は、プログラムが他のプログラムと情報を共有し、機能を呼び出し、データを交換する手段を提供する。まず、API サービスの利用希望者が、事前に定められた形式に従って使いたい機能や情報をまとめてリクエストする。それに対してサービス側は送信された条件を処理して応答する。リクエストの内容は、API サービスの提供者側が利用者に提示する。AI のプログラム開発でよく使われる API に、①自然言語処理、②音声認識、③画像解析がある。

AI 導入で生産性向上へ

⑤ エキスパートシステム（知識表現）

　人工知能研究から生まれたコンピューターシステムで、人間の専門家（エキスパート）の意思決定能力を代替するものである。専門家のように知識についての推論によって複雑な問題を解くよう設計されている。日本語では専門家システムと呼ぶこともある。エキスパートシステムは、「知識ベース」と「推論エンジン」がある。特定分野の専門的な知識を含む、規則や事実などを収集した知識ベースを活用して、推論エンジンが結論を導き出す。

⑥ 音声認識

　コンピューターが人の話す言葉を音声として認識し、これをテキスト化する技術である。音声認識の流れとしては、発声した言語をデータ化したうえで、どの音声と近いのかを分析し、音を組み合わせ単語と照合し、文章を組み立てる。音声認識技術を使った機能には、話し言葉を文字列に変換する「書き起こし」、音声でアプリケーションを操作する「音声操作」、音声の特徴を捉えて話している人を識別する「話者認識」、事前に設定されたキーワードの出現を認識する「キーワード認識」などがある。食品製造ラインでの設備や機械類の稼働時の異音を検知し、故障や事故を未然に防ぐ異音検知にも AI による音響認識が用いられている。

⑦ 回帰／分類

　教師あり学習に属するもので、今あるデータから目的変数（原因を受けて発した結果を表す変数）と説明変数（何らかの原因となっている変数）との関係を表すものである。目的変数 y が量的変数である場合を回帰、有限集合に値を取るカテゴリ型変数である場合を分類と呼ぶ。線形回帰は、データに対して出力を $Y = f(X)$ という関数に当てはめる手法であり、需要予測などの分析に使われる。一方、分類はある基準に従って、特徴を似たものにまとめて分けることであり、それぞれのデータをどのカテゴリに当てはめるか決めたい場合に使われる。

⑧ 画像解析

　画像の中から特定の物体の位置、種類、個数などの情報を認識する技術であり、瞬時に判断する人間の脳の機能をコンピューターで実現する。画像解析を使って以下の 3 つができる。

　①画像分類：画像に写っている物は何かを分類する　②画像検出：画像に写っている物が、画像のどこにあるのか識別する　③画像セグメンテーション：画像にある物の境界線を区分けする

　画像解析を使った機能には、画像の特長を検知し、太陽や木などのタグを抽出する「タグ付け」、人物の顔を検出することで属性（男女・年齢）及び感情を分析する「顔の検出・認証・分析」、画像内に写っている文字をテキストに変換する「文字認識」などがある。AI による画像解析は、食品製造業の外観検査（異物検出）、店舗内での人物の顔認識による属性データ分析などで広く利用されている。

⑨ 強化学習

　機械学習の一種で、あるシステムが得られる報酬や価値を最大化するように、試行錯誤をしながら行動を学習する手法である。目標や方策を与えられたり、正解・不正解を教えられたりしない場合にも、自ら学習できる技術である。強化学習の応用例としては、囲碁 AI や将棋 AI などがある。例えば、将棋で指し手を入力していき、最終的に勝利した場合に報酬が与えられる。逆に負けた場合はマイナスの報酬となる。これを繰り返していき、どの手が最も良いのかを強化学習する。

⑩ 教師あり学習

　コンピューターに入出力の対応を学習させるとき、学習データに正解を与えた状態で学習させる手法である。学習と認識・予測の 2 段階で構成されており、このプロセスを実現するアルゴリズムとして回帰と分類が使用される。教師なし学習、強化学習と共に、機械学習を構成するが、最もよく利用される学習方法である。正解を与えて学習させることにより、正解のないデータが与えられたときに高い精度で予測や分類などができる。深層学習（ディープラーニング）は基本的に教師あり学習を発展させたものである。

⑪ 教師なし学習

　学習データに正解を与えない状態で学習させる、すなわち与えられたデータの本質的な構造やパターンをモデルによって自動的に抽出する手法である。予測や判定の対象となるラベルが存在しないため、教師あり学習とは違い回帰や分類の問題には対応できない。入力データをそのまま与えて学習を進められるが、教師あり学習のように正解となる学習データが無いため、教師なし学習の学習結果の精度は低くなる傾向にある。例えば、従来まったく販売したことのないような新製品のターゲット市場を決めるケースなど、正解・不正解が明確でない場合に利用される。

⑫ 組合せ最適化

　応用数学や情報工学での組合せ論の最適化問題である。与えられた制約条件の中で、複数の要素の組合せの中から最適なものを見つけるための手法である。いくつかの組合せ最適化問題が、NP 困難（問題に対する証拠を現実的な時間で解けない）と言われており、その対策として、近似解法（貪欲法など）が多数研究されている。本著における AI 事例としては、5.4 項における献立作成システムや、7.3 項の自動配車／配送ルート最適化システムに活用されている。

⑬ クラスタリング

　データ解析手法の 1 つであり、クラスタ解析やクラスタ分析とも呼ばれる。データどうしの類似性によってデータをグループごとに分ける機械学習の手法であり、教師なし学習に分類される。その分類された各部分集合のことをクラスタと呼ぶ。クラスタリングは、マーケティングやレコメンドシステム（特定ユーザーが興味を持つと思われる情報を提示）などに活用されている。データをもとに特徴を学習して、グループ分けを行うことになり、さまざまな顧客の情報を分類していくことになる。

AI 導入で生産性向上へ

⑭ グラフニューラルネットワーク (GNN)

　　従来、グラフはノード（節点・頂点、点）とエッジ（枝・辺、線）を使用してネットワーク型の最適化問題を解くために使用されていた。このグラフ構造は物どうしの関係性を視覚的に表すことができるため、わかりやすい。グラフニューラルネットワークでは、高度な画像認識、交通量予測などが研究されている。特に深層学習を用いることで、従来のネットワーク解析では実現できなかった特徴量抽出が可能になる。本著における事例としては、7.4 項におけるユーザー毎の自動献立提案に活用されている。

⑮ 決定木分析 (デシジョンツリー)

　　教師あり学習の1つであり、分類木と回帰木を組み合わせたもので、上からデータをツリー（樹形図）によって各クラスに分類することにより、データ分析する手法である。「葉」が分類を表し、「枝」がその分類に至るまでの特徴の集まりを表すツリー構造を示す。機械学習や統計、マーケティングや意思決定などの分野で用いられている。決定木分析から得られた結果は、目的変数がどのような基準で分類されているのか理解することができる。

⑯ 自然言語処理

　　人が日常的に使っている言語をコンピューターで処理・分析する技術のことで、NLP（Natural Language Processing）とも呼ばれる。自然言語処理には大きく、「テキスト分析」、「質問応答」、「機械翻訳」などがあり、これらは AI や機械学習と組み合わせて活用されている。また自然言語処理は、膨大なテキストデータの解析や非構造化データの処理で活用されている。例えば AI チャットボットは、入力した文章や文脈を理解して、ユーザーが求める回答をするのに自然言語処理が活用されている。

⑰ 深層学習 (ディープラーニング)

　　既存のニューラルネットと比較し、神経細胞を模した関数を多層にして構成したものである。機械学習で特徴量を指定することなく、コンピューター自身が特徴量を探って学習をする。膨大な量のデータをもとにネットワーク自身がルールやパターンを学習し、複雑なパターン認識、データ解析、情報抽出を行う。2006 年に多層ニューラルネットワークを用いたオートエンコーダが発表されたことをきっかけに、深層学習の研究が進展した。その結果、音声認識・画像解析・自然言語処理を活用する問題に対して、他の手法を超える高い性能を示し、現在も急速に発展している。

⑱ 畳み込みニューラルネットワーク (CNN)

　　AI が画像解析を行うための学習手法の1つで、深層学習（ディープラーニング）におけるもっとも重要な手法である。入力層と出力層の間に、入力データの特徴量を捉える「畳み込み層」と、その特徴への依存性を減らす「プーリング層」を加える。それぞれの層の間に、生物の脳科学を参考にした、「局所受容野」や「重み共有」という結合をもっている。CNN は主に画像認識、特に顔認識の分野に使用されている。

⑲ 探索推論（探索木）

　コンピューターサイエンスおよび情報処理の分野で使用されるデータ構造の一つである。「推論」は、人間の思考過程を記号で表現し実行するものであり、「探索」は、解くべき問題を探索木などの手法により解を提示する。探索の典型的な例は、迷路を与えられた場合に、出発点から目標点までの道を見つけることである。道の分岐点では、どちらに行くか選択しなければならないが、その時点ではどちらを選択すべきかわからないので、試行錯誤を行いながら解決に導く。

⑳ ティーチングレス

　産業用ロボットのプログラムはティーチングによって作成される。すなわちティーチングによって記録された動作を再生することで作業を行う。これをティーチングプレイバックといい、この機能を持つことが従来のティーチング手法であった。AI によるティーチングレスは、作業者が対象のロボットへ作業目標を伝えるだけで、AI が位置や速度を最適化し、人の手を借りずに自動でティーチングを行う手法である。AI が作業を繰り返すなかで自動的に精度を上げていくため、ティーチング修正を最小限にできる。

㉑ ニューラルネットワーク（Neural Network）

　人間の脳の学習メカニズムから着想を得た機械学習手法である。「ニューロン」と呼ばれる計算ユニットをもち、神経回路を真似して学習するアルゴリズムである。機械学習の中で利用され、分類・回帰・生成など様々なクラスのタスクに教師あり / 教師なしを問わず利用される。ニューラルネットワークは、学習プロセスを通じて重み（0 〜 1）とバイアスと呼ばれるパラメータを調整し、与えられた入力データに対する適切な出力を生成できるように調整される。

AI 導入で生産性向上へ

● 著者紹介

山崎　康夫（やまざき　やすお）

1979 年	早稲田大学理工学部 卒業
1983 年	オリンパス光学工業株式会社 入社
1997 年	社団法人 中部産業連盟 入職
	主に食品製造業に対して、ISO9001、HACCP、FSSC22000、有機 JAS、新工場建設、生産性向上、工場活性化などの講演・指導に従事
2002 年～	東京造形大学 非常勤講師 経営計画専攻
2022 年～	一般社団法人 中部産業連盟 委嘱コンサルタント
現　在	フードチェーン・コンサルティング創業

JFS-A/B 規格 監査員および判定員
中小企業診断士（東京協会三多摩支部所属）
日本経営診断学会所属
日本品質管理学会所属
人工知能学会所属

本著書についての問合せは、cqb02027@nifty.ne.jp

えっ！そんなことできるの？
フードビジネスで活躍する AI

2024 年 3 月 10 日　初版第 1 刷　発行

著　　者　山崎康夫
発行者　田中直樹

発行所　株式会社　幸書房

〒 101-0051　東京都千代田区神田神保町 2-7
TEL 03-3512-0165　FAX 03-3512-0166
URL　http://www.saiwaishobo.co.jp

装幀：クリエイティブ・コンセプト 江森恵子
表紙イラスト　安部　豊
組　版　デジプロ
印刷・製本　ウイル・コーポレーション

ISBN 978-4-7821-0482-8　C3058